黄河信息化典型系统研究

刘　同　娄彦兵　王益民　编著

U0266278

黄河水利出版社

·郑州·

内 容 提 要

本书对黄河下游引黄涵闸远程监控系统、黄河水环境信息管理系统和数据存储与管理系统等三个典型系统的总体思路、体系结构、功能、性能和关键技术进行了详细论述,并对黄河信息化工作进行了深入研究,说明了典型系统在黄河信息化系统中的位置及相互关系。

本书可供水利信息化专业技术人员学习、参考。

图书在版编目(CIP)数据

黄河信息化典型系统研究/刘同,娄彦兵,王益民编著.—郑州:黄河水利出版社,2011.1
ISBN 978 - 7 - 80734 - 977 - 8

Ⅰ.①黄… Ⅱ.①刘… ②娄… ③王… Ⅲ.①黄河 -水资源管理 - 管理信息系统 - 研究 Ⅳ.①TV213.4 39

中国版本图书馆 CIP 数据核字(2011)第 008204 号

组稿编辑:岳德军   电话:13838122133   E-mail:983375628@ qq. com

出 版 社:黄河水利出版社
        地址:河南省郑州市顺河路黄委会综合楼14层   邮政编码:450003
发行单位:黄河水利出版社
        发行部电话:0371 - 66026940、66020550、66028024、66022620(传真)
        E-mail:hhslcbs@ 126. com
承印单位:河南省瑞光印务股份有限公司
开本:850 mm×1 168 mm 1/32
印张:6.875
字数:172 千字   印数:1—1 000
版次:2011 年 1 月第 1 版   印次:2011 年 1 月第 1 次印刷

定价:25.00 元

前　言

　　黄河信息化工作起步较早,从 1985 年开始通信专网建设,已形成以无线通信为主,包含微波通信、电话交换、集群通信、短波通信、卫星通信、无线接入等系统组成的综合业务通信网。特别是在20 世纪 80 年代末,黄河水利委员会成立了专门的信息化管理单位——防汛自动化测报计算中心,拉开了黄河信息化建设的序幕。在计算机刚刚进入中国普通人视野的 20 世纪 90 年代,黄河信息化建设是围绕"三花间遥测系统"、"黄河防洪防凌决策支持系统"、"黄河防洪减灾系统"等几个大的项目展开的。这几个项目的建设,使黄河的信息化建设走在了全国水利信息化建设的前列。

　　进入 21 世纪,洪水威胁、水资源供需矛盾、生态环境恶化等方面问题更趋严峻。面对新世纪黄河流域水利发展存在的问题和挑战,2001 年 11 月 7 日,黄河水利委员会从黄河治理开发及国民经济发展的重大需求出发,提出了"三条黄河"(原型黄河、数字黄河、模型黄河)的科学治黄新理念,黄河信息化工作进入了飞速发展的快车道。

　　由于黄河信息化系统众多,受篇幅限制,本书不对每一个系统作详细介绍,只从其中抽取 3 个典型系统进行介绍,希望读者通过了解这 3 个系统,能对黄河信息化工作有一个较为深刻的认识,达到窥其全貌的效果。

　　本书主要编写者为刘同(前言、第 1 章、第 2 章),娄彦兵(第 3章),王益民(第 4 章),全书由刘同策划和统稿。由于水平所限,书中难免有疏漏和不当之处,敬请广大读者批评指正。

作　者

2010 年 10 月

前　言

目 录

第1章 综 述

1.1 黄河流域概况

黄河是我国的第二大河,全长 5 464 km,流经青海、四川、甘肃、宁夏、内蒙古、陕西、山西、河南、山东等九个省(区)。流域面积 79.5 万 km²,黄河下游防洪保护区 12 万 km²,区内有 8 510 万人,耕地 1.08 亿亩(1 亩 = 1/15 hm²)。黄河有着不同于其他江河的显著特点:

(1)水少沙多,水沙异源。黄河多年平均天然径流量 580 亿 m³,是长江的 1/17;多年平均输沙量 16 亿 t,是长江的 3 倍。输沙总量与含沙量均为世界大江大河之最。黄河 56% 的水量来自兰州以上,而 90% 的沙量却来自河口镇至三门峡区间。

(2)河道形态独特。黄河下游河道为著名的"地上悬河",是海河流域与淮河流域的分水岭,现行河床一般高出背河地面 4 ~ 6 m。河道上宽下窄,河南河段最宽处达 24 km,山东河段最窄处仅 275 m,排洪能力上大下小。河势游荡多变,主流摆动频繁。河道内滩区为行洪区,居住人口 179 万人,防洪任务艰巨。

(3)水土流失严重。黄河流经世界上水土流失面积最广、侵蚀强度最大的黄土高原,水土流失面积 45.4 万 km²,占黄土高原总面积的 71%。其中,侵蚀模数大于 5 000 t/(km²·a)的重点治理区面积 19 万 km²;侵蚀模数大于 15 000 t/(km²·a)的剧烈侵蚀区面积有 3.7 万 km²,占全国同类面积的 90%。

(4)洪水灾害严重。据记载,从先秦时期到民国年间的 2 500 多年中,黄河共决溢 1 500 多次,改道 26 次,平均三年两决口,百年一改道,决溢范围北至天津,南达江淮,纵横 25 万 km²。每次决口水沙俱下,淤塞河渠,导致良田沙化,生态环境长期难以恢复。

(5)经济发展相对落后。据 2000 年资料统计,黄河流域人口 1.1 亿人,占全国总人口的 8.7%;城市化率 26.4%,低于全国平均水平;国内生产总值 6 365 亿元,占全国的 6.8%,经济发展水平较低。黄河上中游地区是我国少数民族聚居区和多民族交汇地带,也是革命根据地和较贫困的地区,生态环境脆弱。

(6)土地矿产资源丰富,发展潜力巨大。黄河流域总土地面积 11.9 亿亩,占全国国土面积的 8.3%。流域内共有耕地 1.97 亿亩,人均 1.79 亩,约为全国人均耕地的 1.5 倍。流域内矿产资源丰富,在全国已探明的 45 种主要矿产中,黄河流域有 37 种。黄河流域上中游地区的水能资源、中游地区的煤炭资源、中下游地区的石油和天然气资源都十分丰富,在全国占有极其重要的地位,被誉为我国的"能源流域"。

1.2 黄河管理机构概况

黄河水利委员会(简称黄委)是水利部在黄河流域和新疆、青海、甘肃、内蒙古内陆河区域内(以下简称流域内)的派出机构,代表水利部行使所在流域内的水行政主管职责,为具有行政职能的事业单位。其主要职能为:

(1)负责《中华人民共和国水法》等有关法律法规的实施和监督检查,拟订流域性的水利政策法规;负责职权范围内的水行政执法、水政监察、水行政复议工作,查处水事违法行为;负责省际水事纠纷约调处工作。

(2)组织编制流域综合规划及有关的专业或专项规划并负责监督实施;组织开展具有流域控制性的水利项目、跨省(自治区、直辖市)重要水利项目等中央水利项目的前期工作;按照授权,对地方大中型水利项目的前期工作进行技术审查;编制和下达流域内中央水利项目的年度投资计划。

(3)统一管理流域水资源(包括地表水和地下水)。负责组织流域水资源调查评价;组织拟订流域内省际水量分配方案和年度调度计划以及旱情紧急情况下的水量调度预案,实施水量统一调度。组织或指导流域内有关重大建设项目的水资源论证工作;在授权范围内组织实施取水许可制度;指导流域内地方节约用水工作;组织或协调流域主要河流、河段的水文工作,指导流域内地方水文工作;发布流域水资源公报。

(4)负责流域水资源保护工作,组织水功能区的划分和向饮用水水源保护区等水域排污的控制;审定水域纳污能力,提出限制排污总量的意见;负责省(自治区、直辖市)界水体、重要水域和直管江河湖库及跨流域调水的水量和水质监测工作。负责流域内干流和跨省(自治区、直辖市)支流的主要河段、省(自治区、直辖市)界河道入河排污口设置的审查监督。

(5)组织制定或参与制定流域防御洪水方案并负责监督实施;按照规定和授权对重要的水利工程实施防汛抗旱调度;指导、协调、监督流域防汛抗旱工作;指导、监督流域内蓄滞洪区的管理和运用补偿工作;组织或指导流域内有关重大建设项目的防洪论证工作;负责流域防汛指挥部办公室的有关工作。

(6)指导流域内河流、湖泊及河口、海岸滩涂的治理和开发;负责授权范围内的河段、河道、堤防、岸线及重要水工程的管理、保护和河道管理范围内建设项目的审查许可;指导流域内水利设施的安全监管。按照规定或授权负责具有流域控制性的水利项目、跨省(自治区、直辖市)重要水利项目等中央水利项目的建设与管理,组建项目法人;负责对中央投资的水利工程的建设和除险加固进行检查监督,并监管水利建筑市场。

(7)组织实施流域水土保持生态建设重点区水土流失的预

防、监督与治理;组织流域水土保持动态监测;指导流域内地方水土保持生态建设工作。

(8)按照规定或授权负责具有流域控制性的水利工程、跨省(自治区、直辖市)水利工程等中央水利工程的国有资产的运营或监督管理;拟订直管工程的水价电价以及其他有关收费项目的立项、调整方案;负责流域内中央水利项目资金的使用、稽查、检查和监督。

(9)承办水利部交办的其他事项。

黄委主要机构设置为:委机关、山东黄河河务局(简称山东局)、河南黄河河务局(简称河南局)、黄河上中游管理局、黄河流域水资源保护局、水文局、黑河流域管理局、经济发展管理局、黄河水利科学研究院、移民局、黄河服务中心(机关服务局)、黄河中心医院、新闻宣传出版中心、信息中心、黄河小北干流山西河务局、黄河小北干流陕西河务局、勘测规划设计研究院(黄河勘测规划设计有限公司)和三门峡水利枢纽管理局(三门峡黄河明珠集团有限公司)。

委机关又包括:办公室、总工程师办公室、规划计划局、水政局、水资源管理与调度局、财务局、人事劳动教育局、国际合作与科技局、建设与管理局、水土保持局、防汛办公室、监察局、审计局、离退休职工管理局、直属单位党委和黄河工会。

1.3　黄河信息化概况

黄河信息化工作起步较早,从1985年开始通信专网建设,已形成以无线通信为主,包含微波通信、电话交换、集群通信、短波通信、卫星通信、无线接入等系统组成的综合业务通信网。特别是在20世纪80年代末,黄委成立了专门的信息化管理单位"防汛自动化测报计算中心",拉开了黄河信息化建设的序幕。在计算机刚刚进入中国普通人视野的 20 世纪 90 年代,黄河信息化建设是围绕"三花间遥测系统"、"黄河防洪防凌决策支持系统"、"黄河防洪减灾系统"等几个大的项目展开的。"三花间遥测系统",通过在黄河三门峡—花园口间建设遥测雨量站和遥测水文站,实时掌握三花间的雨量和水文信息,实现水雨情的自动测报。"黄河防洪防凌决策支持系统"的开发,基本理清了防汛决策的总体思路,为防洪决策提供了良好的环境和分析、计算手段。"黄河防洪减灾软件系统"是在"黄河防洪防凌决策支持系统"的基础上,利用芬兰政府贷款开发的,该系统主要包括会商系统、暴雨预报、洪水预报、防洪调度、信息查询、防洪数据库等子系统,采用关系型数据库系统,实现了部分防汛信息的网上传递和共享。以上几个项目的建设,使黄河的信息化建设走在了全国水利信息化建设的前列。

进入 21 世纪,洪水威胁、水资源供需矛盾、生态环境恶化等方面的问题更趋严峻,面对新世纪黄河流域水利发展存在的问题和挑战,2001 年 11 月 7 日,黄委党组从黄河治理开发及国民经济发展的重大需求出发,提出了"三条黄河"(原型黄河、数字黄河、模型黄河)的科学治黄新理念,黄河信息化工作进入了飞速发展的快车道。主要成果体现在:

(1)"数字水调"于 2002 年 11 月正式启动,先后建成了"黄河下游引黄涵闸远程监控系统"和"黄河水量调度管理系统",完成了对黄河下游 84 座引黄涵闸的远程监控,实现了黄河水量调度的自动化。

(2)在水资源保护方面,建成了黄河水环境信息管理和水资源保护监控中心,能够及时监控黄河干流及主要支流的水质情况,为处理水质污染事件提供了支持。

(3)在数据存储方面,黄委数据中心一期工程已于 2004 年 6 月建成投入使用,数据存储与管理系统建设获得突破性的进展。目前,已建成水文数据库、实时水雨情数据库、黄河下游工情险情数据库,正在完善黄河水土保持、水量调度、防洪工程、黄河流域背景等数据库。

（4）在防汛减灾方面,先后建成了"黄河下游工情险情会商系统"、"黄河下游防汛调度信息监视系统"、"黄河防洪预案管理系统"及"黄河洪水调度方案演示系统"等系统。

（5）电子政务系统建设成效显著。从2002年开始,黄委机关办公自动化系统得到广泛应用。

（6）2003年7月,开始建设"小花间暴雨洪水预警预报系统",为"黄河小花间暴雨洪水预警预报系统"提供基础水雨情信息。

（7）在通信方面,通过黄河下游郑州—河口SDH微波干线改造工程,实现了郑州—济南间155 Mbps带宽,沿线市级河务局实现了10 M联网,县河务局实现了2 M以上联网。

（8）在网络方面,在国家防汛抗旱指挥系统（一期）等项目的支持下,建成了郑州千兆光纤计算机城域网,解决了黄委网管中心与驻郑各大单位的高速互联。实现了全部委属单位广域计算机网络的连接,形成了从黄河防汛指挥大楼至各大局、地市局、县局及延伸到涵闸的多级广域网络,全河计算机局域网接入达近百个,上网计算机5 000余台,使各单位具备了语音、数据、图像传输功能,基本实现了各类治理黄河信息的网络传输与共享。

（9）开展了应用服务平台试验系统建设,积累了在J2EE架构下开发应用软件中间件的经验。

（10）水土保持生态环境监测系统一期工程建设基本完成,初步建成了水土保持监控中心和监测中心站,构建了流域水土保持数据库,开发了水土保持遥感调查、淤地坝设计和多沙粗沙区管理等相关应用系统。

（11）亚洲银行贷款项目"黄河下游防洪工程维护管理系统"已基本完成,开发完成了工程管理维护模型,在黄河水利工程的建设管理和维护管理方面发挥了积极的作用。

黄委经过20多年在黄河信息化方面的不断耕耘,各类信息化系统已经遍布黄河上下,提高了治理黄河的科技含量与管理水平,推动了信息采集流程、防汛、水文、水资源管理与保护、水土保持、工程管理等业务管理流程的变革,已使网上办公成为广大治理黄河职工的日常工作方式,改变了人们的办公、学习和生活习惯。

由于黄河信息化系统众多,受篇幅限制,本书不对每一个系统作详细介绍,只从其中抽取3个典型系统进行介绍,希望读者通过对这3个系统的了解,达到窥其全貌的效果。

第 2 章　黄河下游引黄涵闸远程监控系统

2.1　概　述

2.1.1　水资源状况

黄河是中国的第二大河,是西北、华北地区最大的供水水源,以其占全国河川径流 2% 的有限水资源,承担着本流域和下游引黄灌区占全国 15% 耕地面积和 12% 人口的供水任务,同时还有向流域外部分地区远距离调水的任务。由于流域大部分地区属于干旱与半干旱地区,水资源贫乏,多年平均天然径流量 570 亿 m^3,加上水资源时间和空间分布的不均匀,可供利用的天然径流量为 370 亿 m^3。

随着社会和国民经济的发展,对黄河水资源的需求不断增加,实际利用黄河水量已超过 300 亿 m^3,水资源供需矛盾越来越突出,从 1972 年到 1999 年连续 28 年黄河下游频繁断流,缺水已成为沿黄地区社会和经济可持续发展的主要制约因素。

根据黄河水资源供需平衡预测,21 世纪中叶之前的黄河流域将长期面临水资源供需矛盾的巨大压力。因此,合理配置、优化调度、有效保护黄河水资源,最大限度地满足沿黄地区国民经济各部门的需求,促进资源与环境生态系统良性循环,对黄河流域社会经济的可持续发展和生态环境的改善,具有重大的战略意义。

由于黄河下游的频繁断流威胁到黄河健康生命,引起国际社会和全球华人的广泛关注,中央政府已经把能否保证黄河不断流提升到国家能否致力于可持续发展的政治高度,水利部党组,黄委党组和河南、山东两局已经把确保黄河不断流作为黄河下游水量调度管理的首要目标。

近年来,黄河水量统一调度工作在全河上下的努力下,取得连续五年不断流的斐然成绩,受到了国务院的嘉奖。但是,确保黄河不断流仍然是黄河水资源管理与调度工作必须解决的一项重大课题。随着工农业和城市用水需求的增大,对黄河下游水量管理与调度工作的要求越来越高,调度方案的实施与监督工作的难度也越来越大。特别是在"黄河下游引黄涵闸远程监控系统"建设以前,下游涵闸引水监测的手段落后,不能满足河道水量平衡计算的要求,增加了水量调度的难度;受各种因素的影响,涵闸引多少报或有引不报的现象过去时常发生,对防止河道断流产生一定的威胁,亟待加强对涵闸引水的监督和管理;基层涵闸引水调度和管理的技术手段落后,现代化水平低,也难以满足日益加重的水调任务的需求;尤其是黄委和河南局、山东局还缺乏有效控制涵闸引水,防止河道断流的技术手段,在紧急情况下难以确保河道不断流。因此,必须加强对引黄涵闸的监督管理,利用现代先进的传感器技术、电子技术、计算机网络与通信技术,建设黄河下游引黄涵闸远程监控系统。

2002年,黄委启动"数字黄河"工程,力图用现代化的技术手段来管理、调度和利用黄河水资源。"黄河下游引黄涵闸远程监控系统"是"数字黄河"工程的重要组成部分,该系统于2003年开始建设,2005年全部建成。该系统的建成,能够及时获取河道引水信息,实现对黄河下游引黄涵闸的远程监控,这对于确保黄河不断流、维持河流生命、促进下游社会经济的可持续发展具有重大意义。

2.1.2 下游水量调度管理体系

黄河下游引黄涵闸管理通常由闸管所具体负责,大部分闸管所由所在县河务局管理,个别闸管所由地市河务局管理。地市河务局一般都在防办设有专人负责,省河务局设立水调处统一负责管辖河段内的引黄水量调度和管理工作。黄河水量总调中心(简称总调中心)负责整个下游水量的统一调度和管理。

目前,省际河道断面以高村水文站作为分界,高村水文站以上属河南河段,以下属山东河段,由于高村不是省界,因此高村断面上下是两省交叉河段,右岸高村以上约45 km 堤防,有阎潭、新谢寨、老新谢寨和高村共4座引黄涵闸属山东东明县管辖,左岸高村以下约140 km 堤防,有南小堤、彭楼和影堂等9座引黄涵闸属河南濮阳、范县和台前三县管辖。

据统计,黄河下游现有引黄涵闸94座,有条件进行远程监控的有84座,涉及32个县,13个地市和河南、山东两个省河务局。

2.1.3 下游水量调度管理业务

小浪底水库以下,黄河下游可供水量调节的只有东平湖水库,而且由于该水库又是分滞洪区,其主要任务是防洪,一般情况下无水可调。因此,黄河下游水量调度主要是对引黄涵闸的配水调度和监控管理。

涉及下游水量调度管理的部门有五级。

2.1.3.1 黄河水量总调中心

黄河水量总调中心主要是根据中上游来水预测、水库蓄水情况,综合考虑中上游各省区(主要是大型取水口)和下游两省(河南、山东)及油田等的用水需求,向两局下达月、旬调度方案。月、旬水量调度方案下达后,其主要工作是下游水量实时调度及监控、运行方案的检查分析等。

水量实时调度及监控就是:跟踪监视水情、工情、墒情、引水等情况,预测其发展趋势,不断提出供领导决策的参考意见,以指导水量调度工作。当遇到天气原因,两省或油田用水等原因要求调整计划,以及来水形势突变时将视情况作出实时调整,并向两局下达实时水调指令。实时调度指令通常是要求控制高村和利津断面流量,在特殊情况下,如面临河道断流,将下达关闭或控制具体涵闸的指令。必要时,总调中心将从远程直接对引黄涵闸进行控制或闭锁。

运行方案的检查分析:在实时调度期内,或在一个阶段水量调度工作结束后,为了分析水量调度方案和执行当中存在的问题,总调中心要按照河段总耗水量和断面下泄流量双控制原则,根据涵闸引水信息和河道水文测验数据,进行河段水量平衡演算、水量调度方案与实况对比分析和统计以及对调度成效进行分析。调度期内将对河南局、山东局调度执行情况进行不定期监督检查,以便及时发现和解决问题。在特殊情况下,还要对涵闸引水情况进行远程监视,及时协调解决涵闸管理与地方用水纠纷。

2.1.3.2 河南局、山东局

河南局、山东局是下游水量调度指令的执行部门,也是省引黄调度的上级主管部门,主要水调业务是统计上报辖区内用水需求和实际引水信息,负责根据总调中心的指令、本辖区涵闸现状和实际用水需求,审批和分配辖区各引黄涵闸的引水总量和时段引水流量,然后向地市局下达调度指令。日常管理需要对引黄涵闸的指令执行情况进行监督检查,在特殊情况下(如为防止河道断流)必须对涵闸进行远程控制。在实时调度期内或一个阶段水量调度工作结束后,需要对河段总引水量进行分析和统计,对辖区河段内进行水量平衡计算和分析。

为了便于分析和统计,河南局、山东局还需要了解和掌握交叉河段各引黄涵闸的引水情况。

2.1.3.3 地市局

地市局的主要水调业务是承接辖区各县的用水申请,汇总并向省局上报用水需求,并根据省局的调度指令,下达到辖区各县局

或引黄涵闸管理处,是水量调度的基层管理部门。其负有执行省局调度指令和监督涵闸引水的责任,必要时能够根据省局指令对辖区引黄涵闸进行直接控制。

2.1.3.4　县局

县局是引黄涵闸的主管部门,负责上报本县用水申请,并根据上级调度指令调整引黄涵闸的引水计划,并通知所属闸管所按指令和计划放水。由于县局距离闸管所一般较远,必须能够了解和掌握涵闸引水情况,必要时应能控制涵闸引水。

2.1.3.5　闸管所

闸管所是涵闸管理部门和指令放水的具体操作部门,负责采集涵闸引水数据,根据上级指令在现场操纵和控制涵闸的闸门启闭,确保涵闸安全。

2.1.4　调度管理工作流程

黄河下游水量调度工作归纳起来主要包括用水申请和审批、调度指令下达反馈与检查、调度方案的变更与实时调度以及引黄涵闸远程监控等。

用水申请程序采用由县局逐级汇总上报,总调中心考虑两省用水计划制定调度方案,省局根据总调中心指令调整配水计划并审批用水报告,然后逐级下发至引黄涵闸管理所具体执行。

县局、市局、省局和总调中心对引黄涵闸引水情况都要进行远程监测和监视,以便检查调令的执行情况和根据反馈的信息调整调度运行过程。方案的调整可逐级下达,各级也可根据实际情况在上级调度方案内进行调整,进行实时调度。

县局、市局、省局和总调中心根据各自掌握的实际情况在职责和权限范围内对引黄涵闸进行远程控制,总调中心的权限最高,依次次之。总调中心控制的主要是关闭涵闸,目的是要确保河道不断流,并有效地保证断面流量。省局控制的目的除要保证河道不断流外,还要确保地区之间调度方案的执行,兼顾左右岸和地区间的利益。市局控制的目的主要是有效地执行上级调度指令,并兼顾上下游县与县之间的利益。县级控制的主要目的是在闸管所系统出现故障的情况下仍能控制涵闸运行。

2.1.5 通信状况

黄河通信网从 20 世纪 80 年代开始建设,到 2000 年已建成一个能满足话音通信,以无线为主,包含传输网络、交换系统、移动通信、卫星通信等多种通信手段的通信专网,在黄河的防汛治理工作中发挥了重要作用。传输网络由干线微波、支线微波和一点多址微波组成,支线微波主要解决省局到市局和部分县局的通信,一点多址微波主要解决市局到县局的通信。

干线微波:1986 年完成了郑州—三门峡微波电路建设。该电路与电力合建,黄委使用 120 个话路。1993 年完成了郑州—济南容量为 34 M 微波电路建设,1995 年完成了济南—东营容量为 8 M 微波电路建设,组成了黄河通信网的传输干线。

支线微波:相继完成微波支线建设共 10 条 (渠村—濮阳、万滩—新乡、郑州—焦作、山东局—济南军区、德州—齐河、鄄城—东明、鄄城—旧城、平阴—莘县、东明—高村、孟津—孟州),共 18 个微波站。

一点多址微波:1997 年建设的一点多址微波系统共 6 个中心站,11 个中继站,37 个外围站。解决了各地(市)级河务局至县级河务局的通信传输和交换问题。

1987 年完成了委机关程控交换机建设,并相继建设了省局、地市局、县局程控交换机。2001 年委机关更新为万门局用交换机,目前程控交换网是以黄委为中心的 4 级结构,黄委、河南局、山东局和部分地市局实现了与电信公网的 DID 连接,其余地市局、县级河务局均与地方公网互连。

1998 年建设了黄河下游县级河务局以下无线接入通信网(窄带),共建设基站 16 个。实现了黄河下游控导工程、闸门、险工等黄河基层重要防汛单位的传输无线化和自动直接拨号。1999 年完成了黄河下游堤防查险报险专用移动通信网的建设,彻底解决险情不能及时报告的问题。共建设移动通信基站 32 个,覆盖了孟津—黄河入海口的黄河下游全部堤防。

由于引黄涵闸的远程监控系统特别是实时图像的传输占用通信传输带宽较大,传输一路实时图像需要 384 ~ 512 kbps 带宽,一个涵闸需传输 3 路视频图像,需 1 ~ 1.5 M 通信带宽,县局到市局需要 4 ~ 6 M 通信带宽,市局到省局需要 8 ~ 10 M 通信带宽。2002 年以前的通信网传输带宽严重不足,为解决通信网传输问题,提供从引黄涵闸到黄委水调中心及省、市各级水调管理部门的宽带信息传输通道,2002 年开始加大了通信系统建设力度。

2002 年郑济微波郑州—封丘段已扩建至 155 M,万滩—新乡、郑州—焦作支线微波更新和改造为 34 M 微波,经以上微波干支线扩建后郑州—焦作、郑州—新乡可提供 8 M 带宽,郑州—濮阳可提供 4 M 带宽。2003 年经过封丘—梁山、梁山—泺口微波改造工程,郑济微波干线已全部扩建至 155 M。

根据引黄涵闸远程监控系统建设的要求,2003 年开始了宽带无线接入系统建设,2002 年针对原建 18 座涵闸的远程监控系统,完成了 4 个实验区建设,2003 年完成了针对 43 座引黄涵闸的宽带无线接入系统建设。

2004 年将进一步扩建济东微波干线,改造相应支线,完成整个 84 座涵闸的宽带无线接入系统建设。

到下游涵闸远程监控系统建设完成,黄河下游通信传输通道将大大改善,干线容量达到 155 M,支线达到 34 M,县级以下到各涵闸达到 2 M 连接。

2.1.6 计算机状况

黄委计算机网络是以防汛为突破口开展建设的。1995 年,黄委利用芬兰政府贷款,建立了黄河防洪减灾计算机网络系统,并通过信息化建设的发展,组建了郑州地区光纤网络,改善了郑州地区的网络条件,组成了覆盖委机关、信息中心、水文局及下属的沿河 6 个水文水资源局、河南局及下属的 6 个地市局、山东局及下属的 8 个地市局、三门峡水利枢纽管理局等主要业务单位。各地市局到县局的网络连接,在河南局、山东局的支持下也初步实现。黄河水情、工情(以文本为主)、灾情(以文本为主)等部分防汛信息的接收、处理和预报作业以及黄委办公自动化信息的浏览、共享和应用已在广域网上初步实现。

2001 年以来,驻郑各单位的计算机网络利用黄委郑州地区的光纤信道组网,通过扩容改造,已全部实现了 1 000 M 连接,100 M 到桌面。随着近两年通信系统的扩容,河南局(除豫西局)与各地市局及县局实现了 8 M 连接,山东局各地市局到省局(济东是利用公网)实现了 8 M 连接,县局到市局实现了 2~8 M 连接。县局以下通过宽带无线接入,大部分涵闸到县局实现了 2 M 连接。

目前,黄河下游计算机网络系统为四级层次结构,涵闸及闸管所与县局在一个局域网内。按照水量调度管理系统的要求,黄河水调相关的计算机网络为四层结构。

一级节点:位于黄委防汛调度大楼的网管中心是计算机网络系统的一级运行、管理和控制中心。

二级节点:主要包括黄河水量总调中心、水文局、水资源保护局、河南局、山东局以及甘肃、宁夏、内蒙古、陕西、山西 5 个省(区、市)水调分中心、国电西北公司、青铜峡水库、三盛公水库、万家寨水库、三门峡水库、小浪底水利枢纽。

三级节点:主要是水文局所属的 12 个水情分中心(含 6 个水

文水资源局），河南、山东黄河河务局下属的 14 个地市河务局，内蒙古河套灌区管理总局。

四级节点：主要是 32 个县级河务局部门网。

2.1.7　建设目标

黄河下游引黄涵闸远程监控系统的目标是：伴随黄河下游引黄涵闸技术改造，在通信传输和计算机网络扩容改造和建设的基础上，用两年时间，采用先进成熟的计算机技术、自动控制技术、传感器技术和数字及视频传输技术，通过涵闸现场监测、控制和监视等自动化设施建设以及黄河水量总调中心，河南、山东两局分调中心，地市局，县局和闸管所现地共五级监控系统建设，实现对黄河下游 84 座（包括已建的 19 座）引黄涵闸的引水信息和运行状态的远程监测，对闸门的远程启闭和控制及对涵闸运行环境和水流情势进行视频监视，建成国内一流、国际先进的涵闸远程监控系统。完善黄河水量调度管理系统的引水信息采集体系，提高引水调度和管理的现代化水平，为逐步实现黄河下游引水用水一体化调度和网络化管理，保证黄河水量总调中心在紧急情况下对重要涵闸进行直接控制，确保黄河下游河道不断流提供了现代化的远程监控手段。

2.2　系统结构和组成

2.2.1　系统结构

黄河下游引黄涵闸远程监控系统采用客户端、应用服务、Web服务和数据库服务多层架构，总调中心、省局和地市局监控系统采用 C/S 模式，领导和其他非水调业务人员采用 B/S 模式。Web 客户端内容包括 HMI 和查询服务，特殊用户可具有控制功能。

总调中心、省局和地市局及县局在同一应用空间,便于统一管理,灵活部署监控对象(可采用集中式和分布式相结合)、协调控制和安全机制。正常情况下,上级系统通过闸管所系统与现场连接,协调工作;特殊情况下,上级系统直接连接 PLC,闸管所系统独立运行,并通过 PLC 实现与上级系统协调工作。

视频服务相对独立,不仅为涵闸监控系统服务,也可为防汛和工程管理服务。

黄河下游引黄涵闸远程监控系统结构如图 2-1 所示。

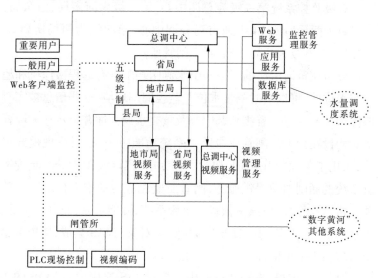

图 2-1　黄河下游引黄涵闸远程监控系统结构

2.2.2　系统组成

黄河下游引黄涵闸远程监控系统由四部分组成:五级远程监控系统、Web 监控系统、监控服务和视频服务。系统组成如图 2-2 所示。

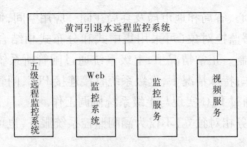

图 2-2　黄河下游引黄涵闸远程监控系统组成

　　五级监控系统第一级为总调中心,第二级为河南局、山东局,第三级为两局所属 14 个地市局分调中心,第四级为两局所属 32 个县局,第五级为两局所属 84 个闸管所。

　　分布在黄河沿岸的每一座引水涵闸均配备有远程摄像机和超声波水位计,可以实时测量水位并监视周围环境,这些信息被实时地传送至各县、市、省级水调中心及黄委水调大厅并显示在大屏幕上。而设在附近的闸管所级监控系统功能单一,权限管理模式单一,采用了单独的 InTouch 架构。作为单一节点,其 IO Server 为上级系统的涵闸对象提供服务,闸管所监控成为受中央权限管理的独立机器操作控制点,不依赖于上级系统,性能可靠,而且成本低。单独的 InTouch 架构通过 InTouchProxy 对象与 IAS 集成,历史数据也可以由 InTouch 的本地历史数据导入。

　　县局、地市局、省局和总调中心采用 IAS 架构,利用 IAS 的集中安全机制来管理复杂的多级用户模型,实现中央部署管理和维护。

　　IAS 架构可以通过涵闸对象模型直接访问 PLC,也可通过闸管所的 InTouch 访问 PLC。部署对象模型可采用集中式或分布式部署策略,本系统的涵闸应用对象部署在 32 个县局,个别涵闸对象部署在地市局。通过对涵闸应用对象实施重新部署,改变其部署节点的方法,可以实现当下级系统故障时重新部署到上一级节点,实现总调中心在必要时对需要闭锁或重点关注的涵闸直接控制到 PLC。

Web 监控系统采用 Wonderware 的 SuiteVoyager 企业信息门户,可以将监控画面、数据、实时视频信息、全流域的水文水情等各种信息实时地传递给黄委内部相关人员,这些人员只需通过 IE 即可根据自己的权限查看相关资料。

2.2.3　系统信息流程

2.2.3.1　数据流

数据流主要指涵闸现场各类传感器采集的实时监测信息的流向,包括闸位、闸前水位、闸后水位、涵闸运行状态等涵闸监测信息。按照水量调度管理系统要求在总调中心、省局和地市局设置有三级历史数据库,本系统在总调中心设置实时数据库,数据库管理采用集中与分散相结合的管理模式。

监测数据又可分为实时数据和历史数据。实时数据由现场 PLC 负责收集,供远程监控使用。历史数据由实时数据处理而成,存入历史数据库,供本系统历史数据查询、统计使用和供黄河水量调度管理系统使用。

1)实时数据

为确保系统数据的一致性,正常情况下,基层闸管所系统负责从涵闸现场通过 PLC 获取实时监测数据,进行实时流量和引水量计算,同时负责获取人工实测数据。基层闸管所系统将获取的实时监测数据(包括流量、引水量数据)传输到县局监控系统,总调中心、省局和地市局通过县局系统获取实时数据。根据系统功能要求,也为了减少系统投资,仅在总调中心存储实时数据。

2)历史数据

历史数据是相对于本监控系统实时数据而言的,是由实时数据通过一定的处理并按时段存储到数据库后形成的,在更长的时段内或相对于黄河水量调度管理系统的应用而言,也是实时数据。

历史数据流程主要涉及采集、处理、存储和访问几个环节。完整的流程包括 PLC 的实时数据采集,闸管所的流量计算到县局传输与到地市局、省局和总调中心的数据传输与存储。采集、处理和存储的数据流程与实时数据的流程基本相同。由于系统数据库设置和数据的用途不同,其访问流程有所不同。除县局通过地市局进行历史数据访问外,其他各级都通过自己的历史数据库进行访问。

3)数据采集策略

由于闸管所任务单一、离涵闸现场最近,与 PLC 之间多采用光纤连接,即使上级网络中断也不会影响自身与 PLC 的连接,因此监测数据的实时性有保证。为了保证数据的完整性,也有利于与实测数据对比,引水流量和引水量在闸管所计算。

正常情况下,上级系统从县局或地市局与基层闸管所系统进行连接,从而获取监测数据。为了保证总调中心和两省局在必要的时候能直接从远程控制涵闸获取实时信息,而不受闸管所系统的控制,必须能够直接与现场 PLC 进行通信。

为此,本系统数据采集采用如下策略:

(1)正常情况下,上级系统通过县局连接基层闸管所系统,闸管所系统将监测数据传输到县局,总调中心、省局、地市局三级系统从县局系统获取数据,闸管所直接从 PLC 采集数据。

(2)当县局系统故障时,通过地市局与闸管所连接,地市局也故障时,通过省局与闸管所连接,其他级从出口所在的系统获取监测数据。

(3)当闸管所系统故障或必要时,上级系统通过省局直接与现场 PLC 连接,并从现场 PLC 采集数据。

(4)特殊情况下,如防断流调度需要时,总调中心直接与现场

PLC连接,并从现场PLC采集数据。

(5)当上级网络与闸管所网络中断时,在中断恢复后,闸管所系统应能为上级提供中断期间的数据,确保上级系统监测数据的连续性、可靠性和引水量计算的准确性。

4)历史数据采集机制

由于监控系统采用组态软件通过IO Server与PLC通信并采集PLC中的数据,然后上报并存储到数据库中,因此存在两种上报模式,即增量自报和定时上报。对应该上报模式,闸管所系统作出响应并计算引水流量和引水量。本系统采用如下数据采集机制:

(1)根据总调中心涵闸远程监控需要,确定上报数据的时段长,并按该时段定时上报。

(2)当闸门开启和停止时各采集并自动上报一次。

(3)在闸门上行和下行的过程中不采集上报数据。

(4)当闸前水位变化和闸后水位变化超过总调中心要求时,自动上报。

5)数据存储机制

根据数据的采集机制,监测数据主要包括时段数据和非时段数据。本系统实时数据库中二者都有,历史数据库中仅包含时段数据。在闸管所本地机上和在总调中心数据库服务器上存储实时数据,在总调中心、省局和地市局存储历史数据,县局不存储数据。

(1)闸管所存储的数据中,包括水位、流量、引水量、总引水量和从PLC中获取的有关闸门监控状态和监测环境数据。

(2)省局、地市局只存储时段数据,主要包括时段末水位、流量、时段引水量和总引水量等,也包括涵闸控制操作记录。

(3)总调中心既存储实时数据又存储时段数据。实时数据除水位、流量、引水量数据外,还包括涵闸控制操作记录。

2.2.3.2　视频流

视频流指涵闸现场采集的视频信息的流向。由于需要对黄河下游84座引黄涵闸进行五级视频远程监视,一般每座涵闸设三个监视点,而每一级都可能有多个用户同时对涵闸进行远程监视,网络上的视频流将会占用大量的网络资源,使原本不够宽裕的通信信道带宽难以适应用户的需要。特别是,在未来"数字黄河"工程建设中,防汛和工程管理相应的系统建设还会增加一些必要的视频监视点(如工情险情监测、分洪涵闸监控和水库调度监视等),视频用户也会大量增加,通信信道的压力会更大。

因此,为了减小网络上的视频流量,有效地减少对带宽的占用,保证视频图像的质量,并能在特殊情况下,采取一定的访问策略,获取所需视频信息,在总调中心、省局和市局建立分布式视频服务器。系统采用主从服务器管理方式,黄河水量总调中心设置主视频服务器,统一负责视频用户的管理;总调中心、省局和地市局各级内部用户通过登录本级视频服务器实现远程视频监视;用户通过登录到主视频服务器,可根据权限切换到不同服务器的视频图像。

正常情况下,系统采用二级转发模式,即由地市局直接从涵闸现地获取视频信息,地市局视频服务器负责向省局转发,同时向总调中心转发视频信息;当地市局到省局网络上信息拥塞时采用三级转发,即市局到省局再到总调中心;当总调中心或省局用户从下级视频服务器得不到服务时,系统将根据优先级分配并自动切换到下一级,直至从涵闸现地获取视频信息。

在现阶段,只容许县局一个用户直接从涵闸现地获取视频信息,随着系统的广泛应用和"数字黄河"工程建设,县局用户增多后,应通过市局视频服务器实现远程视频监视。

涵闸闸管所直接从现场获取视频信息。

2.2.3.3 控制流

控制流指各级对闸门、云台、镜头、雨刷及相关的照明设施的控制信息的流向。通过安全完善的用户账号密码管理和严格的控制权限分级，授权用户根据控制权限对闸门和云台等进行控制。

对涵闸闸门的控制信息流称闸门控制流。对云台、镜头、雨刷及相关的照明设施的控制信息流称视频控制流。

1）闸门控制流

正常情况下，总调中心、省局、地市局和县局的闸门控制流在经过上级系统的协调控制下，只有一路通过县局流向闸管所，在与闸管所系统协调后，指向 PLC，并通过 PLC 对涵闸的闸门进行控制。闸管所在没有上级控制流的情况下，直接向引黄涵闸现场测控单元 PLC 发出控制指令，通过 PLC 实现对涵闸闸门的控制。

当县局系统故障时，通过地市局与闸管所连接，地市局也故障时，通过省局与闸管所连接，各级通过闸管所连接 PLC，实现对闸门的控制。

当遇特殊情况时，总调中心可直接向引黄涵闸现场测控单元 PLC 发出控制指令，实现对涵闸的有效控制，实现总调中心对闸门的闭锁操作和反闭锁控制。在授权情况下，两省局可直接向引黄涵闸现场测控单元发出控制指令。

由于可能出现两路对 PLC 的直接控制流，涵闸现场控制单元 PLC 应该设置单位级别和用户级别，以便闸管所的控制流与上级控制流的协调工作，引黄涵闸现场测控单元 PLC 根据控制指令的优先级别作出响应。

2）视频控制流

正常情况下，总调中心、省局、地市局、县局和闸管所的视频控制流通过地市局视频服务，流向涵闸现场视频控制单元（视频编码器），通过视频编码器实现对云台、镜头、雨刷及相关照明设施的控制。

当地市局视频服务中断时,自动连接到省局,从省局到涵闸现场视频控制单元。当省局视频服务也中断时,自动连接到黄委,从黄委到涵闸现场视频控制单元。

当上级网络中断时,闸管所启动自动授权机制,可向引黄涵闸现场视频控制单元直接发出控制指令,引黄涵闸现场视频控制单元根据控制指令作出响应。

控制权设置:在地市局、省局和黄委各级视频服务中,黄委和闸管所都设置有控制权;其他级别用户仅在本级和上一级视频服务中有控制权,隔级的视频服务只提供观看权而不提供控制权。系统控制权的管理由主服务器承担。

2.3 监控站点和设备

2.3.1 监控站点

目前,黄河下游有 94 座引黄涵闸,隶属河南和山东两省黄河河务局,其中河南省境内 31 座,山东省境内 63 座,设计总引水流量 4 371.7 m^3/s。引黄涵闸均为 1974 年以后竣工,最多有 16 孔,最少为 1 孔,绝大多数为涵洞式涵闸,启闭机有螺杆式、卷扬机式和移动式三种。其中,4 座涵闸(张菜园、苏泗庄、潘庄、簸其李)采用移动式启闭机。赵庄、新陶城铺、簸箕李西、纪冯、一号穿涵、格堤穿涵、东关、罗家屋子、新神仙沟、三十公里等 10 座涵闸不具备监控条件,所以要对 94 座涵闸中的 84 座进行远程监控。

在 84 座引黄涵闸中,赵口闸 16 孔、一号坝闸 12 孔、潘庄闸和李家岸闸 9 孔,位山闸和十八户闸为 8 孔,其他 4~6 孔的有 23 座涵闸,1~3 孔的有 55 座涵闸。

黄河下游引黄涵闸站点分布情况见表 2-1。

表 2-1 黄河下游引黄涵闸站点分布情况

省局	市局	县局	站点名称
河南省	郑州	邙金	花园口、马渡
		中牟	杨桥、三刘寨、赵口
	开封	开封郊区	黑岗口、柳园口
		兰考	三义寨
	焦作	武陟	张菜园、共产主义、白马泉、老田庵
	新乡	原阳	韩董庄、柳园、祥符朱
		封丘	于店、红旗、辛庄
		长垣	孙东、大车、石头庄、杨小寨
	濮阳	濮阳	渠村、南小堤、梨园、王称固
		范县	彭楼、邢庙、于庄
		台前	刘楼、王集、影堂
山东省	菏泽	东明	闫潭、新谢寨、老谢寨、高村
		鄄城	苏泗庄、旧城
		郓城	苏阁、杨集
		菏泽	刘庄
	东平湖	梁山	陈垓、国那里
	聊城	阳谷	陶城铺、陶城铺东
		东阿	位山、郭口
	德州	齐河	潘庄、韩刘、豆腐窝、李家岸
	济南	槐荫	北店子、杨庄
		天桥	老徐庄
		历城	大王庙
		章丘	胡家岸、土城子
		济阳	邢家渡、沟阳、葛家店、张辛
	淄博	高青	马扎子、刘春家
	滨州	邹平	张桥、胡楼
		博兴	打渔张
		惠民	簸箕李西、簸箕李、白龙湾、大崔
		滨州	新小开河、小开河、张肖堂、韩家墩、大道王、道旭
	河口	东营	麻湾、曹店
		垦利	胜利、纪冯、一号穿涵、格堤穿涵、一号坝、西双河、五七、十八户、路庄
		利津	宫家、东关、王庄、罗家屋子
		河口	新神仙沟、老神仙沟、三十公里
合计	13	33	94

2.3.2 监控内容

系统的监控内容分为三类:监测、控制和监视。

2.3.2.1 监测

引水涵闸需要监测信息主要包括闸前水位、闸后水位、启闭状态、开启高度、电流、电压、温湿度、限位保护、荷重保护、相序故障等信息。

2.3.2.2 控制

通过启闭设备控制闸门,实现控制功能。

2.3.2.3 监视

监视是指在监视站点采集动态图像及其控制命令。每个站点一般设三个监视点:闸(泵)前、闸(泵)后和闸(泵)室。因此,每个站点有三路视频信息。

2.3.3 监控设备

2.3.3.1 视频信息采集设备

视频信息采集设备由视频捕获单元、视频信号传输单元、视频编码单元、云台控制等部分组成。每个闸站需配备 3 路视频信息采集设备。

1)视频捕获单元

视频捕获单元由彩色监控摄像机和摄像镜头组成。监控摄像机采用 CCD 成像原理,将现场景象转换成视频信号。为了使摄像机和镜头能在室外正常工作,需要把它们装入室外型护罩。

摄像机分辨率不低于 480 线。

2)视频信号传输单元

视频信号传输单元用于把摄像机输出的视频信号传送到视频编码器。根据摄像机和视频编码器之间的距离,可以采用同轴电缆直接传输方式或者采用数字光纤视频传输方式。

3）视频编码单元

视频编码单元是一台视频编码器,用来把模拟视频信号变换成可以利用计算机网络进行远程传送的数字压缩视频流。系统采用国际标准的 MPEG－4 图像压缩编码,进行图像的压缩和传输。图像分辨率支持:176 × 144 (QCIF)、352 × 288 (CIF)、704 × 576 (4CIF);图像帧率 1 ~ 25 帧/s 可调;图像占用带宽 8 K ~ 2 M 可调。

视频编码器还接受远程监控终端发送的云台控制数据,并根据云台控制数据,按所用的云台控制协议转换成云台控制指令,采用串行通信方式,将云台控制指令发送到云台解码器。

视频编码单元应具有多路视频处理能力。

视频编码单元应具有语音编解码功能,可进行双向语音通信。

视频编码器可以利用运动检测技术实现防盗告警功能。

4）云台控制部分

云台控制部分由云台控制解码器和云台组成。

云台控制解码器通过串行接口同视频编码器通信,接受云台控制指令。根据收到的云台控制指令,云台解码器采取相应的控制动作,通过云台控制接口控制云台做出指令要求的动作。云台解码器通过控制电路接口控制云台和摄像机及摄像镜头。

云台控制部分也要提供辅助控制开关用来实现对护罩雨刷、照明灯及防盗吓阻装置等设备的控制。

2.3.3.2 监控设备

监控设备分为五类:启闭控制设备、安全保护设备、运行监测设备、动力及环境状况监测设备和可编程控制器(PLC)。

1）启闭控制设备

启闭机控制设备主要包括断路器、隔离开关、继电器、接触器等,用于控制闸门的启闭。

2）安全保护设备

在启闭机上安装荷重（拉力）传感器、限位开关、雷电防护设备等，用于保护闸门启闭以及系统运行时的安全。

防雷保护在电源入口设一级电源避雷针，外接的信号线及网络线采用信号线避雷针。

3）运行监测设备

运行监测设备主要包括闸位计、水位计等，用于监测闸位、水位等表现闸站生产运行状况的变量。

闸位计采用光电式绝对型轴角编码器；水位计采用超声波水位传感器。

4）动力及环境状况监测设备

环境监测设备主要包括多功能电表、电流互感器、相序保护器、过载保护器、温湿度传感器等，用于监测与生产运行相关的电流、电压、相序、过载保护、温湿度等动力及环境变量。

5）可编程控制器（PLC）

PLC 全称 Programmable Logic Controller，即可编程控制器，是闸站监控系统中上级控制系统同各控制采集设备连接的枢纽，负责汇集、处理各种控制采集设备监测到的变量，接受启闭指令，指挥闸门运行。

2.3.3.3 相关设备

（1）工业触摸屏，用于现地工作人员操作。

（2）UPS 电源。

2.4 系统功能

系统的主要功能是在各级管理单位能对闸站引水信息和运行状态进行监测，对涵闸闸门进行远程控制，对闸站引水和运行实况进行视频监视。

2.4.1 五级监控系统

五级监控分为总调中心、省局、地市局、县局和闸管所五级。主要功能模块包括：

(1)动态水位模拟；

(2)闸门启闭控制；

(3)告警；

(4)趋势；

(5)实时状态与数据显示；

(6)视频监视；

(7)查询统计；

(8)管理；

(9)数据存储访问。

五级监控系统中闸管所监控系统使用站控级平台，县局以上远程监控系统使用统一的远程监控平台。

2.4.1.1 闸管所监控

闸管所是涵闸运行和管理的责任单位，闸管所现地监控是黄河下游的监控模式，系统具有对所辖涵闸的闸前水位、闸后水位和闸位监测，闸门控制，视频监视（包括摄像机云台控制，以下同），涵闸运行状态和环境参数数据监测，引水流量计算和引水总量计算，实测流量数据录入及相关信息查询统计等功能。

闸管所现地监控系统采用单独的 InTouch 架构，通过组态软件或 PLC 实现与上级各系统的协调运行，按照权限控制涵闸安全运行，是一个受中央权限管理的独立机器操作控制点，不依赖于上级系统。

1）监测与控制功能

(1)闸门的自动启闭。

根据各级用户通过网络所发给现场直接测控级设备的指令，

实现涵闸闸门的自动开启或关闭。应能响应各级用户控制,包括闭锁指令和解锁指令。

（2）闸位的自动跟踪测量。

无论闸门动作与否,安装于闸门启闭机传动装置上的闸位计都应能实时检测闸门的高度值,并上传给现场直接测控级设备的测量单元,通过分析、计算,然后存储。

（3）闸门启闭告警。

在闸门启闭机开机、闸门上行和下行过程当中,应能控制在闸门起闭机附近相应的声光装置发出告警提示,以提醒现场的工作人员。

（4）拉力/荷重保护。

根据闸门启闭机型号的不同,在其启闭机构承受拉力或重力的地方安装有拉力/荷重传感器,应能实时监测启闭机传动机构的工作状况,一旦出现异常,将及时切断电机电源,使闸门启闭机得到有效的保护,避免受损。

（5）限位保护。

在闸门启闭机构的最上面和最下面安装有启闭机运行范围的限定开关,一旦启闭机构运行到这两个位置,这两个限位开关应能立即动作,切断启闭机电源,以避免启闭机超出运行范围。

（6）过载保护。

每个启闭机的控制电路里面都配有热过载继电器,其根据不同电机功率要求有不同的设定值,当电机发生过载或其他故障时,此继电器要能自动切断电机的供电电源,以免烧毁电机。

（7）闸门升降保护。

在闸门升降期间,后续命令不能立即中止闸门升降,需要在一定的时间延迟后,保证闸门升降操作安全的情况下,才能执行后续操作。

（8）电流、电压监测。

在供电线路里面,还配置了多功能电表,应能实时监测三相电源电流和电压的稳定性,包括欠压和过压情况,为闸门的启闭操作提供参考数据。

(9)环境监测。

在闸门机房中装有温湿度等传感器,用以实时监测启闭机的工作环境状况,要能采集温湿度数据。

(10)水位监测。

在涵闸前、后都安装有水位传感器,应能实时采集涵闸闸前及闸后的水位数据,并给予处理和存储。

2)告警功能

闸管所系统的状态告警分为两部分:

(1)实时告警。

通过上标题栏的实时告警框,可以实时地显示现地系统的各种告警情况,并显示告警时间、告警项目、告警对象、告警数值、告警注释等详细内容。如告警消失,则相应的告警选项也自动消失。

(2)历史告警。

通过操作区的告警窗口可以进入历史告警框,在历史告警框中通过翻页可以查询3个月以内的各种告警信息,并显示告警时间、告警项目、告警对象、告警数值、告警注释等详细内容。

3)视频监视功能

闸管所软件系统的视频监视功能包括视频的监视和控制。

(1)视频监视。

视频监视就是监视引黄涵闸的闸前、闸后和闸室图像。

(2)视频控制。

视频控制就是控制这三路图像的云台、镜头、雨刷和照明灯,以达到最好的监视效果。控制动作包括:

①摄像机的左、右、上、下转动;

②光圈调节;

③焦距调节；

④雨刷控制；

⑤照明灯控制。

4）水量计算功能

水量计算是闸管所系统的功能，其他远程监控系统只监测其计算结果。

当涵闸引水时，计算涵闸的引水流量和引水量。其主要功能包括准备数据、计算和存储结果。

（1）准备数据。

从数据库中取出涵闸的水位—流量关系曲线或闸孔出流计算参数，从 PLC 中读取不断变化的水位，这些是计算的基础。

（2）计算。

在读取水位数据的过程中，根据水位—流量关系曲线或计算参数，计算出各个水位对应的流量，再根据引水量计算公式算出引水量。

（3）存储结果。

把计算出的流量和引水量结果存储到本涵闸的数据库中，还要把计算出的流量和引水量发送到本涵闸的 PLC 中的相应位置，保证其他系统对这两个数据的访问。

（4）流量计算方法。

实时引水流量的准确计算和远程控制一样，对黄河下游水量调度同样是非常重要的。只有在实时引水流量能够比较准确地计算之后，才能够实现：当实时计算流量差距大于用户规定的流量与当前方案流量的偏差限度时自动调整闸门开度；当闸门引水总量大于当前方案规定的引水总量时关闭闸门。

虽然要真正实现涵闸远程自动监控除要涉及很多安全问题外，还要做大量的技术研究工作。但是，能够根据涵闸上、下游水位和闸门开度计算流量，是实现涵闸自动控制的必要条件，这是勿庸置疑的。

本系统流量计算采用的方法有三种:公式法、逐步回归法和相似样本法。

公式法:借用简化的流体力学的理论公式或水力学的经验公式,结合各闸的实际情况,用现场不同工况的实际流量数据率定公式参数。该方法只能适应渠道断面形状规则、状态良好或闸门流态单一的闸门。这种方法的特点是程序简单,运行速度快,率定工作量小。

逐步回归法:根据各种工况的实测流量和各门开度,上、下游水位,结合不同流态的水力学公式选择多种因子(上游水位、下游水位、上游水位的不同阶幂、各门开启面积的不同次幂等)逐步回归按一定标准寻找最显著的因子和最佳回归方程系数,以后即用此方程计算每时每刻自动测报的上、下游水位及闸门开度下的流量。该方法可以适应各种渠道和闸门,但缺陷是程序比较复杂。

相似样本法:把经过筛选的实测数据集作为标准样本集。对每一组自动测报的水位和开度数据处理程序自动寻找与预定标准最相似的几个样本,用这很少的几个样本对应的流量计算实时流量。形象的讲就是把标准样本集和自测数据都看做多维空间(上、下游水位,闸门开度等)的散点,用离自动测点最近的标准样本点计算流量。该方法同样可以适应各种渠道和闸门,精度高,且随着标准样本集的增加,计算精度提高很快,缺点是当涵闸规模较大时,率定工作量较大,而且由于需要实时访问标准样本集,需要关系型数据库的支持而且计算程序复杂。但这种程序在涵闸自动监测试验时已经开发,试验表明即使是既有明流又有孔流的宽顶堰涵闸,只要在有足够覆盖多种闸前水位和各种开度交叉组合数据组的标准样本集支持下,流量计算误差小于5%,而且计算速度在奔腾100的机器上即可运行。

5) 查询统计功能

查询统计的主要功能包括涵闸的基本情况查询和历史水量数据查询。

（1）涵闸的基本情况查询。

以列表的形式显示所控制范围内引黄涵闸的基本情况，包括建成时间、涵闸类型、孔数、孔口尺寸、设计流量、设计水位、防洪水位、闸板高程、堤顶高程、闸室洞身总长和启动能力。

（2）历史水量数据查询。

查询某一时间段所控制范围内引黄涵闸的闸门状态、闸前水位、闸后水位。

（3）人工测流统计。

提供人工测流输入存储的窗口，同时保存计算流量和人工测流流量两个数据，可以进行长期比对，进行流量系数的率定。

点击"信息"按钮进入查询统计窗口，信息窗口主要包括三部分，上面是涵闸信息，显示涵闸基本信息；中间是涵闸引水信息，通过输入时间查询涵闸的引水信息；下面是人工流量测定输入，输入流量大小、时间，点击"确定"，人工测定的流量就存储进数据库内。

6) 系统管理功能

系统管理包括用户定义和用户权限管理两部分。

（1）用户定义。

完成各个系统用户的定义、删除和修改工作。涉及的数据项包括用户名、密码、用户等级。其中，用户等级决定了用户的操作级别，在其他权限相同的情况下，操作级别高的，具有优先操作的权利。

（2）用户权限管理。

完成系统用户权限的定义、删除和修改工作。系统的用户权限依据用户等级进行监控范围、监控对象、操作类型和角色构成，其中角色在用户管理中定义。

2.4.1.2　县局以上远程监控

　　县局以上远程监控包括总调中心、省局、地市局和县局四级远程监控系统,使用统一的远程监控平台。各级监控系统均具有远程监测、控制和监视功能。作为一个整体,通过监控对象(即涵闸对象)的安全、报警、控制机制和访问权限等属性实现统一管理,并与闸管所系统协同工作。在下游,四级系统可以从县局、地市局、省局和总调中心任一级与闸管所系统建立访问连接,必要时可以直接从省局或总调中心直接访问 PLC,确保总调中心能够在特殊情况下对涵闸进行闭锁和反闭锁操作。而在上中游,省水利厅、管理处和总调中心任一级都可直接访问 PLC。

　　县级以上远程监控系统采用 ArchestrA 的分布式点到点的监控服务体系结构,具有较强的分布式监控和报警能力,任一级的设备故障不会影响其他级系统的正常运行,实现分布式应用、统一控制、集中管理和远程维护。

　　1)监测控制功能

　　(1)监测。

　　①涵闸测量监测。通过 PLC 直接监测涵闸相关量,包括闸前水位信息、闸后水位信息、闸门启闭状态、闸位、闸门保护状态、电源信息、环境信息等。

　　②涵闸计算量监测。指加工后的信息,如流量、引水量。该信息由闸管所系统计算后写入 PLC。

　　③操作信息监测。指操作单位、操作人、操作时间和操作命令说明。该信息用于多级控制系统和闸管所系统交互命令。

　　(2)控制。

　　闸门控制就是发送控制命令,完成闸门的启和闭。

　　①控制权限申请。为满足多级控制,须在控制闸门之前进行权限申请。权限可被更高级别的用户夺取。高级别用户在一定时

间内不进行闸门启闭则失去权限。

②涵闸控制。给定闸门的启闭高度,指示闸门升降。

2)告警功能

当遇到告警事件时,立即在"下游河道图及涵闸运行状态图"上,采用声光告警的方式,准确告诉值班人员发生告警事件的地点和详细情况,以便值班人员在核对情况后,采取必要的措施。

对于处理过的告警系统会自动解除,还可以采取强制手段来解除报警。

告警功能包含以下4个方面:

(1)告警生成;

(2)告警显示;

(3)告警存储;

(4)告警查询。

3)视频监控

视频监控包括视频的监视、控制和录像。视频监控可通过两种方式来完成:一是由电子地图导航;一是通过交互界面的闸门选择来完成。

(1)视频监视。

视频监视就是监视引黄涵闸的闸前、闸后和闸室图像。

(2)视频控制。

视频控制就是控制这三路图像的云台、镜头、雨刷和照明灯,以达到最好的监视效果。控制动作包括①摄像机的左、右、上、下转动;②光圈调节;③焦距调节;④雨刷控制;⑤照明灯控制。

(3)视频录像。

视频录像是把要监视的视频信号保存为视频文件,以便查询。

从触发机制上来说,录像分为三种:手工录像、定时录像和联动录像。

手工录像是操作人员根据工作需要对涵闸进行的随机录像,

录像的位置一般在操作员所在的机器上。

定时录像是系统在某个规定时间对涵闸进行自动录像,录像的位置一般在服务器上。

联动录像是当发生特殊事件时,系统会自动触发录像功能,对发生事件的涵闸进行录像,录像的位置一般在服务器上。触发录像的特殊事件包括:①报警事件;②闸门控制事件。

4)查询统计

查询统计的主要功能包括涵闸的基本情况查询、最新情况查询、历史数据查询、控制记录查询、历史录像查询和统计。

(1)涵闸的基本情况查询。

以列表的形式显示所控制范围内引黄涵闸的基本情况,包括:建成时间、涵闸类型、孔数、孔口尺寸、设计流量、设计水位、防洪水位、闸板高程、堤顶高程、闸室洞身总长和启动能力。

(2)最新情况查询。

以列表的形式显示所控制范围内引黄涵闸的闸门状态、闸前水位、闸后水位及其发生时间。

(3)历史数据查询。

查询某一时间段所控制范围内引黄涵闸的闸门状态、闸前水位、闸后水位。

(4)控制记录查询。

查询某一时间段所控制范围内引黄涵闸的控制记录,包括操作时间、被控闸门、控制单位、操作人员、动作和控制说明。

(5)历史录像查询。

查询某一时间段所控制范围内引黄涵闸的录像记录,并可播放这些录像。

(6)统计。

生成各引黄涵闸的统计报表。

5)系统管理

系统管理主要是完成远程监控系统的管理和维护工作,其主要功能如下:

(1)用户管理。

用户管理包括用户定义和用户权限管理两部分。

用户定义:完成各个系统用户的定义、删除和修改工作。涉及的数据项包括编号、姓名、单位、密码、角色、标志和备注。其中,角色决定了用户的操作级别,在其他权限相同的情况下,操作级别高的,具有优先操作的权利。

用户权限管理:完成系统用户权限的定义、删除和修改工作。系统的用户权限由监控范围、监控对象、操作类型和角色构成,其中角色在用户管理中定义。

(2)参数管理。

系统参数管理是完成系统运行参数的定义、删除和修改工作。要管理的参数包括系统使用单位、数据扫描的周期、告警参数和存储参数等。

(3)代码管理。

代码管理是完成系统常用代码的定义、删除和修改工作。要管理的代码有管理单位、引黄涵闸、闸孔、角色、对象、操作类型等。

(4)IP 地址管理。

完成引黄涵闸的 PLC 和视频 IP 地址的定义、删除和修改工作。

(5)PLC 管理。

完成 PLC 参数设置和修改以及 PLC 程序的远程维护工作。

2.4.2　Web 监控

Web 远程监控服务系统是面向领导、水量调度业务人员及其他相关人员的闸站监控信息查询服务系统(仅在原则上能看不能控制,对特殊用户在特殊情况下可以赋予控制功能)。系统采用目前流行的 B/S 结构,构架于微软的ⅡS 和 Wonderware 的 Suite-Voyager 之上。特殊用户在经过授权认证后通过黄河计算机网可在任何地方对闸站进行监控。

Web 远程监控系统主要包括以下功能:涵闸运行状态查询、涵闸监测、视频监视、信息查询和系统管理。

2.4.2.1 运行状态

作为系统的主页,主要是显示涵闸运行情况及相关信息,使得用户对黄河下游的河道概貌及其涵闸的运行情况有总体的了解。其功能包括以下方面。

1)运行预览

在下游河道图上,以不同颜色的图标,显示正在发生闸门启闭操作、正在进行引水或发生告警的涵闸。

受显示区域的限制,再加上黄河下游引黄涵闸数量较多,无法将所有涵闸的图标显示出来,系统只选择正在运行的涵闸显示给用户,以求界面的整洁和美观。

2)引水信息

以滚动刷新的方式,显示最新的引水信息。最新引水信息来源于水调数据库的 Lastchokedata 表,系统从中检索最新的 10 条记录,且显示的记录数可以根据实际情况进行调整。

3)告警信息

在主页上以表格的形式显示最新的告警信息。要显示的告警信息包括:报警时间、报警名称、涵闸、报警值、报警限制值、报警类型和优先级。告警数据来源于告警数据库,系统从中检索自当前时间起最新 5 min 的数据。

4)相关信息

在首页上,显示利津、高村、花园口和小浪底四个关键站的最新水情信息。显示的水情信息是流量。最新的水情信息来源于水情数据库,系统只检索各关键站最新的一条记录。

由于主页的程序是在 Web 服务器上运行的,用户通过浏览器看到的只是程序运行结果,这个结果的实时性依赖于主页的刷新时间。目前,系统主页的刷新时间设定为 5 min,这个时间可以根据实际情况进行调整。

2.4.2.2　涵闸监测

根据一般 Web 系统要求,结合涵闸监测的特点,本系统用InTouch开发适于 SuiteVoyager 发布和页面显示的服务模块,用来实现在浏览器上实时监测各涵闸运行情况的功能。

1)导航树

按照黄委的机构设置,制作黄委、省局、地市局、闸管所四级菜单树,从树的结构上可以清晰地看出各单位的隶属关系,快速、准确地进入涵闸监控页面。

2)导航图

制作黄河下游和各地市引黄的专题图,在图上分别显示黄河下游各市、县河务局及闸管所的分布,并在黄河下游专题图和各地市专题图之间、各地市专题图和涵闸页面之间建立链接,以便于用户的登录和操作。

3)涵闸监测

制作涵闸监控设备布置图,图上能够显示闸管所闸机房、闸前摄像头、闸后摄像头的位置分布,要显示的监测信息包括引水信息、闸门情况和 PLC 信息。

引水信息:给出涵闸的闸上水位、闸下水位、引水流量和总引水量。

闸门情况:按闸门号分别给出各闸门的状态、闸高和荷重,并以不同颜色的图标来表示当前各闸门启闭机的运行状态。

PLC 信息:给出 PLC 中自动/手动、远程/现地、锁定、通信和故障的状态值。

2.4.2.3 视频监控

视频监控是通过黄委内部的广域网,将各引黄涵闸摄像头采集的视频信息传送到系统加以显示,并将控制信息传送过去。由于视频监控要传输的信息量较大,系统采用 AxtiveX 技术,将视频控件嵌入网页中,使视频监控的功能均在视频控件中实现,以减轻 Web 服务器的负担。

1)接口

系统在调用控件时主要是通过控件本身的属性来实现参数的传递。控件的主要属性如下。

(1)基本属性。

基本属性包括标题、外观、字体、颜色、位置、大小。

(2)自定义属性。

用户号:除 5 位纯数字外均可(一般为字母);

用户名称:此属性目前不用(以后可以使用,一般为汉字名称);

用户等级:1~5(5 为最高);

用户类别:1~6,1——闸管所,2——县,3——市,4——省,5——黄委,6——Web;

单位代码:黄委为 5 位码,其他为 6 位码,详见附件(与用户等级共同确定模板用户);

涵闸代码:为 14 位编码,表示用户要看的涵闸,详见附件;

图像号:0~4,0——4 画面,1——第一路,2——第二路,3——第三路,4——第四路;

IP 地址:视频服务器 IP 地址。

2)功能

视频控件应具有涵闸的树结构导航及视频的监视、控制功能。

(1)树结构。

按照用户的所在单位和权限,根据黄委的机构设置,制作包含黄委、省局、地市局、闸管所、摄像头五种节点的菜单树,数可以是二级、三级、四级或五级。通过菜单树,可以快速得到要显示的视频。

（2）视频监视。

视频监视就是监视引黄涵闸的闸前、闸后和闸室图像。

（3）视频控制。

视频控制就是控制这三路图像的云台、镜头、雨刷和照明灯,达到最好的监视效果。控制动作包括:①摄像机的左、右、上、下转动;②光圈调节;③焦距调节;④雨刷控制;⑤照明灯控制。

2.4.2.4 信息查询

信息查询为系统的综合查询部分,为用户提供按节点、时间等组合条件的查询功能,查询的信息包括涵闸基本情况、运行情况、引水情况、告警信息及水情信息,查询的结果以表格的形式在网页上显示。

1）涵闸基本情况

按节点查询涵闸的基本情况,并可进一步查询涵闸闸孔的信息。

查询的数据项包括:涵闸编号、名称、所属单位、建成年份、桩号、涵闸类型、孔数、孔高、孔宽、设计流量、设计闸前水位、设计防洪水位、设计校核水位、闸底高程、闸顶高程、洞身总长和启动能力。

查询的闸孔信息包括孔号、闸门宽度、开度基值和最大开度。

可供选择的节点分五级:黄委、省局、地市局、县局和闸管所。

2）涵闸运行情况

按节点、时间查询涵闸的运行情况。

查询的数据项包括涵闸、操作人员、操作单位、操作时间、闸孔号、闸孔状态、开度设定值、实际开度和流量。

可供选择的节点分五级:黄委、省局、地市局、县局和闸管所。

时间条件只需输入开始时间和终止时间的年、月、日。

3)涵闸引水情况

按节点、时间查询涵闸的引水情况。

查询的数据项包括涵闸、时间、闸上水位、闸下水位、流量、引水量、总开宽、平均开高、流态和最大开高。

可供选择的节点分五级:黄委、省局、地市局、县局和闸管所。

时间条件只需输入开始时间和终止时间的年、月、日。

4)涵闸告警信息

按节点、时间查询涵闸的告警信息。

查询的数据项包括时间、告警名称、涵闸、告警值、限制值和告警类型。

可供选择的节点分五级:黄委、省局、地市局、县局和闸管所。

时间条件只需输入开始时间和终止时间的年、月、日。

5)水情信息

按节点、时间查询黄河关键水文站的水情信息。

查询的数据项包括站名、站号、时间、水位、流量和含沙量。

可供选择的节点分三级:黄河、水文站类型、水文站。

时间条件只需输入开始时间和终止时间的年、月、日。

2.4.2.5 系统管理

1)用户管理

系统用户管理是基于域用户的管理,用户管理的功能是将所有域用户加载到系统,然后根据系统和业务需求将用户分为Admin、Engineer、Read Only User 和 No Acess User 四类,即四种角色,系统为每种角色赋予不同的权限内容。

(1)Admin。

可以访问所有的门户网站信息,具有全部管理权限,如配置应用程序和数据源、给用户指定角色、创建访问面板及自定义门户网站。在运行基于浏览器的窗口时,可以将值写回到数据源。

（2）Engineer。

如果给所有的用户启用了系统访问面板，则此角色中的用户将拥有门户网站的用户级访问权限，但并没有管理权限。否则，此角色中的用户将只具有管理员给他们指定（通过自定义访问面板）的访问权限，并且在运行生产过程图形时可以将值写回到数据源。

（3）Read Only User。

拥有门户网站的用户级访问权限，但无管理权限。不能配置或自定义门户网站，也不能创建门户网站对象或"多视图"。在运行生产过程图形时，不能将值写回到数据源。

（4）No Acess User。

禁止访问门户网站。即便经 ⅡS 身份验证确认是合法的 Windows 域用户，也无法访问门户网站主页。

2）访问管理

管理所有用户访问系统的情况，功能包括当前访问用户查询和访问历史查询。

（1）当前访问用户查询。

显示当前所有正在访问系统的用户及其登陆时间，以便管理员及时掌握系统负载。

（2）访问历史查询。

按照时间段查询，访问系统的用户、登录时间和持续时间。

3）系统配置

定义系统的基本设置，功能包括主页、配色方案和自定义链接。

（1）主页。

设置系统主页的 URL、横幅的 URL 和徽标文件。

（2）配色方案。

设置界面的底色。

（3）自定义链接。

定义系统的基本运行程序及其 URL,供系统定制菜单时使用。

4）数据源管理

定义和管理系统的数据源,功能包括配置数据提供程序、标记服务器写回、网站数据库、外部数据数据库和报警。

5）面板管理

定义系统面板部分的菜单项,功能包括编辑菜单项和定义访问属性。

（1）编辑菜单项。

根据实际需要,添加、修改、删除系统的菜单项,菜单项可以是一级,也可以是多级。通过创建面板和添加文件完成上层菜单项的创建,而最底层的菜单项必须是已经建立的自定义链接项,通过关联的方式形成。

（2）定义访问属性。

建立的顶级菜单项,可以通过定义用户的方式,以不同的面貌呈现给不同的用户。对于选定的菜单项,系统先将所有域用户加载,然后可根据实际情况,给用户赋予菜单项。

2.4.3　监控服务

根据各类闸站监控内容（水位、流量、开度等）,以及应具有的监测、启闭、存储、管理等服务功能,把每个闸站抽象成监控对象,负责为各级远程监控系统提供实时数据监测、闸门控制、管理和数据存储等各种监控管理服务。

各监控对象一般根据通信和网络状况,灵活部署于通信和网络较好的监控平台节点上（可灵活调整部属）,负责与 PLC 和其他节点通信、数据采集与处理、向 PLC 发送控制指令,这样既有利于 PLC 的安全,又能减轻 PLC 的负担,使得系统更安全、稳定、可靠。

监控服务为本系统和其他系统提供以下服务:数据采集和存储服务、控制服务、告警服务和管理服务。

1)数据采集和存储

按设定的扫描机制采集监控对象的实时数据,并将这些数据存储到数据库中。采集和存储的实时数据包括闸前水位、闸后水位、闸门的开启状态和高度、流量、引水量、电流、电压、网络故障、控制设备故障和控制情况等。

数据采集扫描机制是指监控对象采集数据的周期。系统可以为所有对象定义统一的采集周期,也可以根据各个涵闸的不同情况为不同对象定义不同的周期,并且可以随情况的变化对采集周期作相应调整。

数据存储机制采取定时和增量相结合的方法。定义定时存储的起点和周期完成定时存储;定义增量存储的数据变化条件,在数据库中记录相应变化数据。系统还可以根据实际情况的变化来调整定时存储的周期或调整增量存储的条件。

2)控制服务

根据系统各级监控用户的请求向监控对象发出操作指令,完成用户控制操作。当发生闸门控制时,要自动对闸门进行控制加锁。所谓控制加锁就是对控制对象进行特殊的锁定,以屏蔽对控制对象的控制操作。控制加锁分为两种:强制加锁和操作加锁。

(1)强制加锁。

当控制对象发生某种特殊情况时,对其进行强制性的操作屏蔽。强制加锁只能由本人或高级别用户强制解锁。

(2)操作加锁。

由于控制操作同时只能有一个用户进行,所以当发生控制操作时,会自动对控制对象进行加锁,这就是操作加锁,当控制操作完成或操作锁超过规定时间时,操作锁会自动解除。

当多个用户控制同一对象时,系统采取级别高的用户优先控制的原则。即当用户要控制的对象处于操作加锁状态时,级别高的用户可以解除级别低的用户的操作锁,从而解除原操作用户的控制权,使自己获得对对象的控制权。

3)告警服务

告警服务是根据采集的数据,按照告警产生机制来产生告警事件。系统的告警事件分为两类:提醒事件和报警事件。

提醒事件是指闸门的开启和关闭等重要的操作事件。

报警事件是指涵闸违规引水、闸前水位超过警戒水位、涵闸控制设备和网络遇到故障等会产生严重后果的事件。

告警机制是产生告警的条件,不同的告警其条件都不相同。

4)管理服务

管理服务主要为系统定义和部署监控对象以及对监控对象进行管理,主要功能包括:

(1)定义和部署监控对象。

本系统定义的监控对象分为视频、闸孔和闸门三类,其中视频不在本服务中管理,闸孔对象是闸门对象的组成部分。

闸孔的属性有孔号、开启信号、开度设定值、开度实际值、流量、停止运行、上升命令和下降命令。

涵闸的属性有涵闸代号、闸前水位、闸后水位、设定流量、实际流量、设定引水量、实际引水量、电流、电压、温度、湿度、锁方式、运行方式、是否控制、操作人员、单位、级别、放水申请单号、相序故障、PLC 故障、控制系统总故障、其他故障和闸孔对象。

(2)监控对象管理。

系统在监控对象内定义用户名、口令、操作权限等,以实现用户对监控对象进行访问或操作时的权限控制和功能协调。在对监控对象用户进行管理时,系统可以对用户进行单个或批量定义和调整。

2.4.4　视频服务

视频服务是本系统的一个基础组成部分。为了减小网络上的视频流量，有效地减少对带宽的占用，保证视频图像的质量，并能在特殊情况下采取一定的访问策略，获取所需视频信息，在总调中心、省局和地市局建立分布式视频服务器。系统采用主从服务器管理方式，黄河水量总调中心设置主视频服务器，统一负责视频用户的管理；总调中心、省局和地市局各级内部用户通过登录本级视频服务器实现远程视频监视；用户通过登录到主视频服务器，可根据权限切换到不同级服务器的视频图像。

正常情况下，系统视频流采用二级转发模式，即由地市局直接从涵闸现地获取视频信息，地市局视频服务器负责向省局转发，同时向总调中心转发视频信息；当地市局到省局网络上信息拥塞时，采用三级转发，即地市局到省局再到总调中心；当总调中心或省局用户从下级视频服务器得不到服务时，系统将根据优先级分配并自动切换到下一级，直至从涵闸现地获取视频信息。

2.4.4.1　系统配置管理

系统配置管理分为三大功能：系统管理功能、配置管理功能和视频设备管理功能。

1）系统管理功能

口令更改：更改网络客户端用户口令。

锁定：管理软件启动时，为防止非法用户更改系统设置，可进行系统锁定。

授权数据更新：系统可以向多级服务器授权数据更新，更新内容包括用户信息更新、站点信息更新、接入终端信息更新、摄像机信息更新等。

数据日志查询：系统具有完备的操作日志查询和用户使用日

志查询功能。日志查询内容包括用户的登录与退出、图像视频请求与关闭、图像视频切换、云台与镜头的控制、灯光与雨刷的控制、用户口令更改等。

2) 配置管理功能

接入终端类型配置:设置多种类型的接入设备,视频编解码格式支持 MPEG4、MPEG2、MPEG1、H. 261、H. 263、H. 264、MJPEG 等多种视频格式。

云台控制器类型配置:设置多种类型的云台控制解码器,云台解码器协议支持 Pelco、Derek、雪城 GMS – I04、Lilin、Yaan、Vicon、Philips、Kalatel、Panasonic、Sony、AB、Ultrak 等多种解码协议。

视频矩阵配置:设置多种类型的视频矩阵,视频矩阵支持雪城 Vfs、Derek、AB、红苹果、多画面分割器等多种视频切换矩阵。

分组配置:实现了对摄像机的分组分部门管理。对于不同的用户只能观看所分配的摄像机。设置摄像机分组序号、ID 等。

用户配置:设置用户登录 ID、用户名称、用户优先级、用户类型等。

视频服务器配置:分为总中心级视频调配服务器、区域级视频调配服务器和分区级视频调配服务器。设置视频调配服务器 ID、名称、类型(级别)、IP 地址、端口号、最大视频流数量等。

网络视频接出控制终端配置:网络视频接出控制终端实现对站点监控视频通过网络视频接出终端(视频解码器)传送至大屏幕或电视机显示,并可实现前端监控点摄像机的切换以及摄像机镜头和云台的控制。设置接出控制终端名称、接出控制终端 IP 等。

电视墙配置:即大屏幕配置。设置电视机 ID、电视机名称、网络视频接出控制终端名称、接出终端 IP、接出终端端口等。

局站(监控点)配置:设置局站(监控点)编码、局站(监控点)名称、局站(监控点)类型、局站(监控点)坐标等。

接入终端配置:设置接入终端名称、接入终端 IP、命令端口号、串口功能、波特率、校验标志、视频传输方式(AUTO、TCP、UDP、IGMP)、所属站点等。

摄像机配置:设置摄像机 ID、摄像机名称、方向属性、变倍属性、光圈属性、灯光属性、雨刷属性、所属站点等。

3)视频设备管理功能

系统管理员可远程配置和管理网络视频接入终端(视频编码器)、网络视频接出终端(视频解码器),并能自动诊断、自恢复视频设备的工作状态。其主要功能如下:

(1)显示所有在线设备:根据端口和 IP 地址搜索设备;

(2)设备网络参数配置与维护:设备 IP 地址、子网掩码、网关、端口号等参数的配置和维护;

(3)设备视频属性配置与维护:视频传输速率、帧率、视频制式(NTSC/PAL)、视频数据格式(QCIF、CIF、2CIF、4CIF)、标准亮度、对比度、色度、饱和度等参数的配置与维护;

(4)控制接口参数配置与维护:控制接口 RS422/485 的波特率、奇偶校验类型等参数的配置与维护;

(5)透明数据串口参数配置与维护:透明数据串口 RS232 的波特率、奇偶校验类型等参数的配置与维护。

2.4.4.2　视频服务调度管理

1)视频流的调度

多级分布式客户机/服务器架构分别在总中心、区域、分区级设置多级视频调配服务器,调度视频流、管理用户的请求。各级监控业务台和分控终端只需连接到本级视频调配服务器,通过本级视频调配服务器获得所需视频流,既可以避免网络因视频流量的增加而造成整个网络系统拥塞,保证整个网络系统的运行安全;又便于各业务职能部门对监控视频的共享访问和分布式控制管理。

视频流数据在视频调配服务器的统一调度管理下,从视频接入终端逐级向上发送相应的视频流。本地的视频监控业务台只需登录到本地的视频调配服务器即可获得权限所允许的图像。

多种传输协议的支持与选择：支持多种网络传输协议（UDP、TCP、IGMP），并根据网络实际状况，可自动/手动选择合适的传输协议，从而达到既能够减少网络负担，又能保证清晰、流畅的图像效果。

视频流传输路径的选择：不仅可以通过修改系统的配置来选择适当的传输路径与调配（转发）策略，从而最大程度地减少网络瓶颈造成的负面影响；系统还可以自动监测各级视频调配服务器的状态，来选择视频流的传输路径与调配（转发）策略。假如某级视频调配服务器发生故障，系统可以绕过该故障服务器与下级服务器建立链接，并获取监控视频流，故障服务器的所属用户可以自动登录到上一级服务器来进行操作。

2) 用户管理机制

系统用户为 3 级管理模式，各级服务器均有数据库，分区级服务器完成分区级用户和站点的建立、权限管理工作，并向所属区域视频调配服务器数据库备份。区域级视频服务器完成省级用户和站点的建立、权限管理工作，并向总监控中心视频调配服务器数据库备份。总中心视频调配服务器完成总监控中心用户和所有站点的建立、权限管理工作，总中心系统管理员有最高级别的管理权限，可管理区域、分区用户的控制权限。

（1）全局统一的权限管理功能：网络中各级用户统一接受权限管理，引入多用户优先级管理机制。系统设置全局统一的优先级别，各级调配服务器自动判断当前用户的优先级别，避免控制冲突，保证各监控点控得住，从而保证某个摄像机在特定时刻只有一个用户能够拥有控制权。优先级的判断与控制权的转换均为自动方式，即当有更高级别用户申请时，会自动获得摄像机的控制权；当前有控制权的用户退出时，系统自动选择下一个用户，并发生控制权的转移。

（2）用户登录认证：对登录用户进行密码校验与身份验证。

（3）响应多用户的并发请求，协调处理他们之间的各种申请。

3）控制命令的生成与发送

兼容多种云台镜头控制协议，根据不同类型的控制器，生成相应的控制命令，并发送给前端设备，完成对摄像机的控制。

4）设备运行状态的监视

监视系统主要设备运行状态的实时监测与显示。

5）硬盘录像功能

硬盘录像功能提供多种录像方式：连续录像、定时录像、事件触发录像。

6）录像文件的检索与回放

录像文件支持多种条件检索：时间、监控点、事件；提供慢放、快放、单帧回放等功能。

2.5 系统性能

系统在设计和建设过程中，充分考虑了安全性、可靠性、易维护性、可扩展性和易用性。

2.5.1 系统安全性

系统采用多级安全措施，组成一套完善的安全机制，以保证系统运行过程中的安全性。系统的安全措施分为五级：设备级、网络级、操作系统级、数据库级和用户级。

2.5.1.1 设备级

在 PLC、编码器等一些关键的设备上，采取用户和操作级别相结合的方式，防止一些用户的非法访问和操作。同时，在编写 PLC 操作系统时要充分考虑设备的安全性，从荷重保护、限位保护和过载等多个方面来避免一些特殊情况可能对设备造成的危害。另外，在现地还配置了接地系统、防雷系统和抗干扰措施，用来保障现地设备的安全。

2.5.1.2　网络级

在系统运行的关键部位，设置防火墙，定义严密的过滤机制，屏蔽与系统无关的地址、协议和应用对系统的访问，杜绝系统内部与系统无关地址、协议和应用的联系，从出和入两个方面严把网络关。

2.5.1.3　操作系统级

运行监控系统的计算机选用统一的安全性能好的操作系统，并加装病毒监控系统。在系统运行前和运行中，要经常对操作系统进行安全漏洞检查，以免因操作系统漏洞而影响监控系统的安全。

2.5.1.4　数据库级

在数据库中，为系统设置了访问数据库的用户和密码，即数据库用户。只有用这些给定的数据库用户才能对数据库进行访问。另外，面向一般用户的系统一般不直接访问数据库，而是通过系统的服务来实现对数据库的访问，这样就在一般用户和数据库间增加了一道保护屏障，防止因数据库漏洞而使得数据库直接裸露在用户面前。

2.5.1.5　用户级

系统为使用系统的用户设置密码和各自的使用权限，每个用户在进入系统时，都要经过系统的身份认证和权限定义，另外系统在服务层的监控对象内也设置了用户和口令，对每个访问和操作监控对象的用户及其权限进行进一步的认证。使得非法用户无法登录，登录用户也无法从事份外工作。

2.5.2 系统可靠性

计算机监测控制系统的可靠性是指系统无故障运行能力。可靠性常用平均无故障运行时间,即平均的故障间隔时间 MTBF(Mean Time Between Failures)来定量的衡量。

黄河下游引黄涵闸远程监控系统现场硬件设备及系统组成的可靠性符合以下要求:

(1)元器件的选型、组装、调试、测试都应保持高水平的生产工艺和严格的质量标准。在使用时,尽量降低其负荷率,尤其是主要处理元件,降低其负荷率是保证可靠性的措施之一。

(2)相关信号的采集与输入都要尽量采用隔离技术,以提高系统的抗干扰性。

(3)采用特殊设计的高可靠性电源,能适应较宽的电网电压波动,还可承受瞬间浪涌冲击。电源的容量足够大,同时有可靠的防干扰措施,以保证在电网电压不稳定、电气干扰强烈的环境中可靠运行。

(4)系统组成采用冗余结构,以保证关键设备工作不正常时能及时切换,使系统运行免受影响。

以下是部分设备的平均无故障运行时间:

处理器板: > 30 000 h;

存储器板: > 69 000 h;

数字接口板: > 60 000 h;

模拟接口板: > 55 000 h;

通信接口板: > 17 000 h;

电源: > 30 000 h。

MTTR 平均维修时间:诊断(或检查)及更换故障插板时间小于 30 min。

2.5.3 系统易维护性

系统易维护性是指进行维护工作时的方便快捷程度。计算机监测控制系统的故障会影响生产过程的正常操作,有时会大面积地影响生产过程的进行,甚至使整个生产瘫痪。因此,维护监测控制系统的正常运行,在最短时间内排除故障对计算机监测控制系统十分必要。黄河下游引黄涵闸远程监控系统易维护性满足以下要求:

(1)系统的整体结构便于装卸和维修。

(2)各硬件设备部件、模块采用插拔式设计,便于及时更换故障部件。

(3)设备部件或模块的运行状态应有相应的指示信号,便于及时准确地查找系统故障,减少故障时间和维修时间。

(4)系统软件在设计和开发中,运用面向对象的方法,采用模块化结构。

2.5.4 系统可扩展性

黄河下游引黄涵闸远程监控系统主要硬件在设计和建设中充分考虑系统的可扩展性,PLC的选择及相关模块、模板的选择都为系统以后的扩展留下相当容量的余地,另外,系统接口方面也要方便与其他系统的集成或扩展,具有一定的兼容性和扩展性。

2.5.5 系统易用性

系统在设计和开发中,充分考虑各级业务人员的实际情况,从用户界面、数据校验、操作习惯等方面入手,本着简单、简洁、体贴和严谨的宗旨,使用户看着舒服、操作方便、用着放心。

2.6 数据库

黄河下游涵闸远程监控系统的数据主要是引水监测监控数据和视频数据。根据"数字黄河"工程建设的总体要求,按黄河水量总调中心,河南局、山东局两省局分调中心和地市分中心设置三级数据库,存放涵闸监测历史数据(时段数据),数据库服务器分别设置在总调中心,河南、山东两局和地市局,负责数据的存储管理。涵闸监测实时数据存放在总调中心。为保证数据的不间断记录,在每个涵闸管理所现地建立涵闸监测数据库,存储本地数据。

2.6.1 数据分类

数据库存储内容包括四大部分:实时数据、视频数据、管理和基础数据及历史(时段)数据。实时数据、管理等基础数据存放在总调中心,为下游涵闸监控系统服务。视频数据和历史数据按照各自的管理范围分三级存放在总调中心、省局和地市局,为下游涵闸监控系统及水调系统提供数据支持。

2.6.1.1 实时数据

实时数据是指直接从现场采集来的数据,主要包括水位流量引水量数据、闸门启闭数据和控制数据。

1)水位流量引水量数据

监测时段数据是指将实时监测数据按照一定的时间间隔采样形成的时段数据,包括时间、水位、流量、水量等信息。

2)闸门启闭数据

闸门启闭数据是指闸门开始上升或下降时的闸门相关数据,包括闸门高度、时间等信息。

3)控制数据

控制数据是指对闸门的控制命令,是从实时监测数据中提取出的反映闸门控制变化的信息数据。包括涵闸、控制命令、命令状态、命令人、命令单位、命令时间等信息。

2.6.1.2 视频数据

视频数据是指从涵闸现场通过摄像机监视到的视频流及相关信息。视频流由视频系统以文件的形式存储和管理,在数据库中只存放监视数据的相关路径及涵闸、位置、人员、时间等信息。

2.6.1.3 管理和基础数据

管理数据有四类:①监测设备型号及参数;②监视设备型号、参数及安放位置;③故障管理数据;④单位、人员及对涵闸和云台的控制权限数据。

基础数据有三类:①水调部门的组织管理数据;②涵闸基本属性信息及水位流量关系;③闸孔出流计算参数数据。这三类数据可以从黄河水量调度管理系统的数据库中读取。

2.6.1.4 历史数据

历史数据主要指过去一段时间内的水位、流量和引水量等数据。一般是通过数据库转存形成的,本系统把存放在各级数据库中的为水调其他系统服务的时段数据也称为历史数据。

2.6.2 数据表

根据数据分类和应用需求,本系统数据库涉及主要数据表如下:

(1)行政编码表;

(2)单位信息表;

(3)用户信息表;

(4)涵闸信息表;

(5)闸孔情况表;

(6)涵闸视频编码器表;

(7)涵闸实时监测表;

（8）闸门数据汇总表；

（9）单孔开高情况表；

（10）涵闸实测水位流量表；

（11）涵闸流量计算参数表；

（12）涵闸时段监测数据表；

（13）涵闸动作情况表；

（14）视频信息表；

（15）系统参数表。

2.6.3　数据库管理

数据管理由监控系统完成,而数据库管理由数据库管理软件提供的工具来完成,主要包括存储配置、备份等管理。

数据库管理内容包括：

（1）维护数据库系统正常运转,监视数据库运行情况,对运行速度慢等情况进行记录；

（2）定期备份数据和系统日志；

（3）监视数据一致性情况,发现问题时手工干预；

（4）分配和更改用户及其权限。

2.7　开发和运行平台

2.7.1　平台的选择

2.7.1.1　工业监控系统的特点

一般,工业自动化控制系统是在一个工厂及有线连接或绝对封闭的监控系统网络内的,现场具有最高优先级的监控系统。

大型跨国企业的工业监控系统,虽然分布范围扩大了,不再是绝对封闭的监控网络,但其控制的逻辑机制仍然是现场具有最高优先等级,而且考虑网络可靠性首先认为越接近现场(中间环节越少)的线路越可靠。

2.7.1.2 引黄涵闸远程监控的特点

黄河下游引黄涵闸远程监控的特点是:84 座涵闸分布在下游 700 多 km 的黄河两岸,一般一个闸管所管理一个涵闸,现场非常分散;远程监控系统涉及总调中心、两个省局、13 个地市局、32 个县局、84 个闸管所,整个系统都是和其他业务系统共享无线网络通道,虽然经过通信系统扩容改造,总调中心到省局再到地市局的网络带宽能满足系统要求,且网络可靠性也较高,但与工业控制要求相比还是相差较远的。

相对于工业控制,引黄涵闸远程监控需求的特点是离现场距离越远控制优先级别越高,而离现场最近的闸管所又相当于一个工厂,正常控制操作都是在闸管所进行,涵闸的安全运行是必须保证的,这一点丝毫不比工厂要求低。因此,整个系统的集中控制要求比工业控制要求高得多。

2.7.1.3 开发运行平台选择

根据上述分析,要满足黄河下游引黄涵闸远程监控需求,采用传统工业监控软件平台实现的最大困难是集中控制问题。因此,必须选用能够支持分布应用和集中控制的新一代工控软件平台。

1)单独组态的软件平台选择

传统的工业控制平台已经很成熟,它是面向一个单一的控制环境,如一个工厂、一座涵闸,它的系统平台是独立的运行环境。目前,有多家工业控制应用软件提供商提供相应的产品。比较流行的有 Wonderware 公司的 InTouch、Simons 公司的 WinCC、GE 公司的 Cimplicity 等多种产品。随着信息化与自动化的结合,产品功能都进行了扩展,在某种程度上已经拓展了应用空间,完全可以满足单个引黄涵闸远程监控的需要。

本系统使用的是 Wonderware(英国 Invensys Plcd 的一个子公

司)的 InTouch8.0 作为单个涵闸远程监控的软件平台。

2)分布应用和集中控制的软件平台选择

由于传统的工业控制软件平台缺乏完整的组件体系,系统逻辑抽象分析实现的虽好,系统扩展使用的也是构件对象拷贝,对系统中控制逻辑、计算方法的变更和自动控制程序的版本升级必须一个一个维护。

黄河下游引黄涵闸远程监控系统具有多级应用、多级控制,既要分布应用又要集中管理,既要满足日常监控需要又要能在紧急情况下实现统一调度,在很大程度上比工业控制的要求更高,传统的工业控制软件平台的控制逻辑难以满足多级控制的要求。因此,全部靠传统的单一的软件平台是无法胜任的。

目前,融合最新软件技术即构件式多层架构中间件技术的、可以提供分布式网络应用、完全面向对象技术、集中管理体系及统一的权限认证等技术支持的工业控制系统软件平台,只有 Wonderware 公司的 ArchestrATM。它的体系结构和提供的服务功能完全能够满足黄河下游引黄涵闸远程监控系统的需要,因此本系统选择 ArchestrATM 作为系统的开发和运行平台。

2.7.1.4 平台的特点

1)统一控制和集中管理

在统一命名空间下的分布式的点到点的体系结构中,ArchestrA 采用集中管理的方式对分布在全网的每一个监控站点实现集中管理。这样,既实现了在网络中的任何一台监控站上,与处于网络中任意地点的监控站的直接连接,同时运用统一管理手段也实现了在集中监控点上对网络中任何一个节点的管理,从而可以从整体上实现分布式应用、统一控制和集中管理。

2)任一级的设备故障不会影响其他级系统的正常运行

在 ArchestrA 的体系结构下,可以实现在系统的整个生存期内自由选择体系结构的灵活性,可以把应用自由地分布到系统全部工作站的任意一台上,对于数据源的位置没有限制,也不存在依赖性。当一个地方的监控应用服务器发生故障不能使用时,可以把应用重新部署到另外的地点,不影响系统的正常运行。另外,通过对涵闸现场数据源的访问,即使地市局以上网络中断,中断恢复后仍然可以得到闸上数据。

3)有较强的分布式监控和报警能力

这种体系结构提供了分布式的 HMI 能力(HMI 和控制逻辑可以不在一个地方)、分布式的控制能力(从本地或远程进行控制)、分布式告警能力(当告警发生时,能触发本地或远端系统的功能,促使事件协调工作)和分布式告警显示能力。

4)实现远程维护,减少系统的运行成本

可以实现对系统用户和应用的统一授权和部署,对系统运行状态进行集中管理和调整,并集中进行故障诊断。采用这种技术,可以从网络中的任何工作站上进行集中管理,实现在网络的任何一点将应用部署到网络的任一地点,从而可以进行远端维护,不需要到当地进行,减少运行成本。

5)大大缩短系统开发周期

ArchestrA 平台是由一整套套装应用服务软件构成的,提供了比较完整的公共服务,原来很多需要开发的功能已经由其应用服务来完成,可大大缩短开发周期是不言而喻的。工程师们的主要工作是监控对象的建立,各种属性的定义,用户界面设计,编写与此有关的和 Web 服务的角本程序及富有特色的查询服务软件。特别地,该平台还提供了一些标准的对象模板,一个闸门对象标准模板的建立基本上就意味着一类涵闸对象的建立。

6)有利于系统扩展、集成和保护投资

ArchestrA 是可伸缩的平台,采用统一命名空间,增加一个监控站只是增加一个节点,当节点增多,应用服务器负担太大时,只需要增加应用服务器,分担节点负载即可。ArchestrA 有良好的开发手段,能够很容易地增添系统功能;同时它是一个"容器",能够容纳所有符合 COM 标准的组件;提供了和 SQL Server 数据库系统兼容的接口,采用标准的 ADO、ODBC 接口,有良好的可扩展性。此外,它能很好地集成以前建立的基于 Wonderware 的应用,能够保护投资。

7)较高的性能价格比

采用 ArchestrA 体系结构,相对于其他传统的解决方案,有较高的性能价格比。对于使用 PLC 作为数据采集、命令控制与传输设备的工业控制系统来说,传统的解决方案主要是采用不同类型的组态软件(如前面提到的 WinCC,Cimplicity,InTouch 等)作为后台的监控管理软件。由于这类组态软件是比较单纯的工业自动化软件,功能偏重于单个系统对控制对象的管理和操作,当使用这种软件为一个涵闸(或一个车间)或在一个级别上对多个涵闸服务的时候,有良好的可用性、可靠性和稳定性。但是,当系统扩展到在广域的范围内,在多个级别上对多个涵闸进行权限和控制管理,如果仍然使用单纯的组态软件作为系统基本结构,就会存在若干问题。第一,多个级别的监控系统同时控制一个涵闸,权限协调问题难以解决;第二,多个级别的监控系统独立取得涵闸数据,存在数据的一致性问题;第三,多个级别的监控系统分别在网络上访问涵闸 PLC,增加网络负担,尤其是增加地市局以下到涵闸这一段的网络负担;第四,多个级别的监控系统实际上是由多个级别的数据库调整之下的独立系统,不能形成统一系统;第五,由于每个监控节点都是独立的系统,管理维护非常麻烦;第六,这种结构的可扩展性较低,当涵闸数量增多或应用发生扩展时,需要花费大量时间进行扩展,而且难以部署;第七,开发相对来说复杂,不仅需要开发本地系统,还要开发权限管理协调系统。

为克服传统组态软件各自独立、不能互成体系的不足,ArchestrA 抽象出工业控制的共同功能作为基础服务,并在此基础上建立一套基于网络应用的分布式体系结构,为建立集成的工业控制自动化应用提供了条件。使用 ArchestrA 平台,能充分解决上述传统组态软件不能很好克服的问题。第一,ArchestrA 是一个整体结构,为应用提供一个整体平台,对操作权限进行统一管理,不存在权限协调问题。第二,数据由涵闸对象获得,然后分发给相关机构,数据保持一致。第三,从市级到涵闸只有一路数据流访问涵闸 PLC,减轻这段网络(是现有网络系统中最不稳定的环节)的压力。第四,可以进行远程在线管理,在维护人员不到现场,系统运行不中断的情况下进行维护。这一特点在下游远程涵闸系统管理中非常重要。第五,由于采用面向对象的开发技术,当需要监控的涵闸数量增多时系统很容易进行扩展,而且非常容易部署。当增加不同的监控应用时,由于都是在统一的黄委监控模型之下的应用系统,需要增加的工作只是对不同的应用建立不同的对象,然后部署到已有的 ArchestrA 结点上(如果在不同的地方需要增加结点)而已。第六,开发简单,除了对象、界面需要自己制定外,其他的工作基本上只需要进行配置(为其他用户提供的接口程序除外)。

可以看到,采用 ArchestrA 体系平台,我们得到的将不仅仅是一个涵闸监控系统的解决方案,而且是一个完整的架构,在此之上可以轻易地开发、部署、维护、扩展,为"数字黄河"的建设提供一个崭新的、技术水平在世界领先的建设平台。ArchestrA 和一般组态软件的区别,不仅仅是功能上强弱的差别,而且是一种体系、理念的差别。在 ArchestrA 体系架构之上,我们能够建立一套功能强大、易于维护管理、易于扩展的系统。

在价格方面,采用 ArchestrA 体系架构和一般的组态软件结构差别不大。

2.7.2　网络环境

　　黄委从 20 世纪 80 年代开始建设黄河防洪信息网,先后建立了信息中心局域网、水文局局域网等,这些网络系统在黄河防洪工作中起到了重要的作用,特别是由中国、芬兰合作完成的黄河防洪减灾计算机网络,把主要防汛部门的计算机网络有机地结合起来,形成了以防汛为主线的黄委计算机网络的雏形,并在此基础上连接了其他单位。在此基础上,随着带宽和各种组网方式的不断更新,形成了现在从黄委到各基层单位的计算机广域网。

　　面对"数字黄河"工程对计算机网络的要求,现有的黄河计算机广域网已经远远不能满足大量信息的传输要求,随着 2003 年通信线路及计算机网络的更新改造,黄河计算机广域网带宽得到提升,网络扩容以后基本可以满足涵闸监控信息及其他信息的传递。从县河务局到闸管所,采用无线局域网连接,每个涵闸带宽 2 M。从闸管所到涵闸现场,距离较近(< 100 m)的使用双绞线连接,闸管所到涵闸现场较远的采用光纤或无线接入,带宽 100 M。网络上需要传输的信息有涵闸监控信息和涵闸视频监视信息。带宽可以满足涵闸信息的传输。全网运行 TCP/IP 协议,各监控终端和前段信息采集设备(PLC、视频编码器)的 IP 地址由黄委网络管理部门统一设定。

　　目前,网络上需要传输的信息有涵闸监控信息,涵闸监测信息(Web 方式),涵闸视频监视信息,黄河网信息和其他黄河应用信息(如水调系统信息、工程险情系统信息)以及 Internet 信息等。带宽可以满足涵闸信息的传输。

2.7.3　软件环境

　　由系统总体结构描述可知,位于涵闸现场和委、省、地市、县的应用系统采用了不同的系统架构。

2.7.3.1 涵闸现场的应用系统架构

在涵闸现场,监控应用是独立运行的涵闸现场监控系统。系统的操作平台为 Windows XP Professiona 和 Windows 2000 Server。监控系统的开发和运行平台为 Wonderware 公司的 Intouch HMI 平台,通过 Intouch 自带的 I/O Server 与 PLC 进行通信。在已建的 19 座涵闸中,监控系统开发运行平台也有采用其他组态软件的,由于下游涵闸监控系统整体结构的灵活性,和涵闸现场监控系统的相对独立性,使用其他组态软件的系统可以仍然保留运行。现场监控系统的数据存储使用 InTouch 自带的存储功能,保存涵闸现场的监控数据,并在特殊情况下与县、地市、省、委涵闸监控系统进行数据交换。涵闸现场的视频监视软件依赖于视频编码器内的软件。

2.7.3.2 委、省、地市、县的应用系统架构

委、省、地市、县各级应用系统部署在 ArchestrA 统一平台上,是互相关联的统一软件体系。虽然委、省、地市、县各级应用系统都基于同样的架构,各级别的系统所使用的服务却不完全相同。在黄委一级,总调中心负责系统的整体开发部署,管理维护实时数据,为 Web 客户提供 Web 服务。

需要的应用服务有 Industrial Application Server(为系统提供整体框架),SQL Server(为系统提供实时和历史数据服务),Suite-Voyager(提供 Web 服务)以及 IDE 为系统提供开发平台(可以安装在专门的开发部门)。这些应用服务,都需要安装在配置了 Microsoft公司的 MS Queue 消息队列服务的 Windows 2000 Server SP3 平台上。.NET 框架服务包含在 ArchestrA 框架内,不需另外安装。

在系统的监控站上,需要安装 IAS Platform(为系统运行提供运行平台)及 InTouch View。监控站可以运行在 Windows 2000 Server SP3 平台上,也可以运行在 Windows XP 系统上。当系统把

独立的涵闸操作权部署在监控站上时,必须运行在配置了 MS Queue 消息队列的 Windows 2000 Server SP3 平台上。

对于黄委内的一般用户,可以作为系统的 Web 用户访问系统。运行环境为标准浏览器,除有授权即 SuiteVoyager Client Access License Concurrent v2.0 外,不需要另外安装服务或者应用组件,也不需要安装任何其他开发系统。

在两省局,除为本地数据提供支持的 SQL Server 外,不需要安装运行为全部应用系统提供服务的应用服务,只需要安装为涵闸监控站提供运行支持的服务及实现实时监控数据分析统计的应用组件,其软件配置和操作系统配置与黄委相同。具体来说就是:IAS Platform,带 I/O Server 的 InTouch,配置了 MS Queue 消息队列的 Windows 2000 Server SP3,Windows XP 及 IE 浏览器。

在地市局,配置了 IAS Platform,InTouch View,运行在配置了 MS Queue 消息队列的 Windows 2000 Server SP3 上。

在县局,目前只需要作为系统的 Web 用户,使用浏览器查看监控数据。

2.7.3.3　各级监控系统配置的监控平台软件

各级监控系统配置的监控平台软件如下。

1)总调中心

总调中心监控系统配置的监控平台软件有:

(1)Industrial Application Server;

(2)InTouch View;

(3)SuiteVoyager;

(4)FactorySuite A2 Development Edition(IAS IDE);

(5)IAS Platform;

(6)SQL Server。

2)省局监控中心

省局监控中心配置的监控平台软件有:

（1）InTouch View；

（2）IAS Platform；

（3）SQL Server。

3）地市局监控中心

地市局监控中心配置的监控平台软件有：

（1）InTouch View；

（2）IAS Platform；

（3）SQL Server。

4）县局监控中心

县局监控中心配置的监控平台软件有：

（1）InTouch View；

（2）IAS Platform。

5）闸管所监控系统

闸管所监控系统配置的监控平台软件有：

（1）InTouch RunTime；

（2）SQL Server。

2.7.4 硬件环境

2.7.4.1 服务器

1）应用服务器

为了运行 Industrial Application Server，应用服务器硬件配置如下：

（1）双至强 2.0 G CPU；

（2）1 G 内存；

（3）80 G 硬盘；

（4）8 M 显存；

（5）千兆以太网卡。

2）Web 服务器

为了运行 SuiteVoyager 工厂信息门户，Web 服务器硬件配置如下：

（1）双至强 2.0 G CPU；

（2）1 G 内存；

（3）80 G 硬盘；

（4）8 M 显存；

（5）千兆以太网卡。

3）数据库服务器

数据库服务器硬件配置如下：

（1）双至强 2.0 G CPU；

（2）1 G 内存；

（3）80 G 硬盘；

（4）8 M 显存；

（5）千兆以太网卡。

4）视频服务器

视频监控服务器硬件配置要求如下。

（1）主服务器的基本配置。

CPU：Intel 志强 TM 处理器、2.8 GHz、533 MHz FSB；

内存：1 GB（2 × 512）、PC 2100 ECC、双通道、DDR266、SDRAM；

硬盘：3 × 146 GB Ultra 320/M SCSI（10 000 RPM）Hard Drive；

网卡：千兆以太网卡。

（2）从服务器的基本配置。

CPU：Intel 志强 TM 处理器、2.8 GHz、533 MHz FSB；

内存：512 MB（1 × 512）、PC 2100 ECC、双通道、DDR266、SDRAM；

硬盘：2 × 146 GB Ultra 320 M SCSI（10 000 RPM）Hard Drive；

网卡:100 M 以太网卡。

2.7.4.2 PC机

1)开发项目数据库的硬件配置

开发项目数据库(Galaxy 知识库和 Development Seat IDE)的硬件配置如下:

(1)P4 2.8 G CPU;

(2)1 G 物理 RAM;

(3)80 GB 硬盘;

(4)128 M 显存。

2)运行 InTouch 8.0 软件的硬件配置

运行 InTouch 8.0 软件的硬件配置如下:

(1)P4 2.8 G CPU;

(2)512 M 物理 RAM;

(3)80 GB 硬盘;

(4)128 M 显存。

2.8 关键技术

黄河下游引黄涵闸远程监控系统监控规模大、站点多、涉及技术庞杂,系统主要关键技术如下。

2.8.1 五级远程监控系统的分布式应用和一体化管理

系统采用 Wonderware 工业自动控制软件作为系统基础软件,闸管所采用单独的 InTouch 架构,县局、地市局、省局和黄委四级采用基于微软 .NET 框架下的 ArchestrA 架构,利用 Industrial Application Server 建立了四级监控应用服务平台。既与原有组态软件监控系统结构一致,能较好地保护原有系统投资、便于系统有效集成,又改变了原有多系统并行的状况,实现了五级远程监控系统的分布式应用和一体化管理。

2.8.2　统一了整个系统的安全控制机制

对多级监控系统通常是通过访问 PLC 来实现多级控制的,最大的问题是多个监控系统难以有共同的安全控制机制,从而难以集成。本系统采用面向对象技术,通过对闸门和各类传感器等实体进行抽象,建立与特定引黄涵闸相对应的涵闸对象,并将安全访问控制、报警/事件、历史记录、输入输出等作为涵闸对象的属性,从而建立了统一的安全访问和控制机制。系统中县级以上任一级对涵闸的控制都是通过访问涵闸对象来完成的,从而解决了县级以上多级监控中心的权限协调问题。

2.8.3　解决了实时监控系统多级数据存储和数据一致性问题

原有系统多为一级存储,在不使用上位机的情况下,多级存储存在数据一致性问题。本系统在制定系统一致的数据访问策略和存储机制的基础上,开发建立了数据存储对象,并建立了总调中心、省局和地市局三级涵闸监控数据库。通过采用微软消息队列技术(MSMQ),实现涵闸对象同时向三级数据存储对象传输监测和控制数据,并由数据存储对象存入相应数据库。这不仅解决了数据一致性问题,提供了多级监控查询,而且实现了与模拟屏连接进行实时显示功能,还为后续各级水调应用系统开发建设提供了三级数据库。

2.8.4　在现有通信和网络条件下确保系统正常运行

为适应在现有通信和网络条件下,建立起庞大的下游涵闸远程监控系统,除在系统设计时要求视频服务系统采用二级和三级转发模式外,还在监控软件系统安装部署时采用了分布式服务体系。本系统是根据实际的通信路由、网络和系统实际运行情况,针对分布式的多级监控平台,从远程(信息中心)将涵闸对象分散部署在所属县局或地市局、甚至省局或总调中心的监控机上,而不是集中部署在一台或几台服务器上,从而减轻实时监控运行对网络的压力。通过撤消部署和重新部署,只需要很短时间(10 min 以下)就可以灵活地将涵闸对象部署到另一台监控机上。本系统PLC 的输入输出服务平时主要是通过闸管所系统提供的,为了防止在关键时期闸管所系统故障影响下游防断流控制运行,在省局和总调中心也安装有 IO 服务,只需要切换涵闸对象的 IO 服务,就能保证省局和总调中心的正常运行。因此,本系统可保证在系统任一级监控中心出现故障时,不影响其他级的运行。

2.8.5 为全河监测监控系统提供了有效的集成和发布平台

本系统还利用 InTouch 窗口转换技术将定制的监控程序转换为 XML、利用 ActiveX 控件技术开发视频控件、利用 C#和数据访问技术开发出综合查询功能,并将它们集成在 SuiteVoyager 之上,使系统既具有一般 Web 系统的方便、快捷、易维护性,又拥有监测、监视、监控和信息查询的强大功能,为全河监测监控系统提供了有效的集成平台和信息发布平台,可方便地集成上中游监测监控系统。

2.8.6 实现了集中管理和远程维护

对于黄河下游引黄涵闸远程监控系统这样一个涉及地域广、监控站点多,具有分布在 1 400 多 km 的黄河两岸 84 个监控站点160 多台监控机和服务器的庞大而复杂的实时监控系统,系统管理维护是最大的难题。本系统通过系统的集成开发环境 IDE,可在运行维护中心(信息中心)修改涵闸对象模版的属性和动作定义，重新发布对象后，即可更新对象功能，从而实现系统远程升级维护；通过系统管理环境，可以监测各监控机的运行状态和日志，以便及时调整和维护；通过报警查询，可发现整个系统前端监控设备运行情况和及时发现不当操作，通知现场维护。另外，在安装部署系统时，通过统一域名配置、安装远程维护软件、单机防病毒软件，并对主控端和被控端机器进行设置等，实现了可在远程对整个系统的任一台计算机进行系统设置、软件更新测试、病毒检查防护、查看机器运行情况等。

2.9　应用效果

黄河下游引黄涵闸远程监控系统的建成和投入正式生产运行，对维持黄河的健康生命起到了重要作用，将使黄河防断流的快速应变能力大大增强，黄河水量调度的监督管理水平得到提升，特别是对进一步提高基层水调业务部门的现代化技术应用水平有很大作用。

该系统采用 Wonderware 最新推出基于 ArchestrA 体系结构的套装软件，是该软件在中国乃至全球最早的应用之一，目前仍是监控应用站点最多、最成功的应用系统，已经被 Wonderware 作为大型应用的成功案例在全球推介。

第3章 黄河水环境信息管理系统

3.1 概　述

3.1.1 水环境监测业务与管理现状简介

3.1.1.1 国内外水环境信息管理情况介绍

1）国外水环境信息管理技术发展状况

以系统论和信息论及控制论为基础,结合各行业的具体业务,运用现代计算机技术和网络技术开发的各类信息系统在国外已被广泛应用于生产实践。这些系统随着近几年来互联网络的迅猛发展,其中很大一部分都已经发展成了网络信息资源的一部分,信息价值得到进一步的提升。资源管理系统化、信息化是当今信息时代的潮流,也是未来各行各业管理方式发展的必然趋势。据统计,90%以上的计算机应用都属于信息管理系统的应用范畴。

在国外,尤其是在欧美一些经济发达的国家和地区,早在20世纪70年代就已经开始研究如何将计算机信息技术应用于水环境监测与保护领域。到80年代,该领域计算机信息技术就已经得到了较普遍的运用。90年代初,随着计算机网络技术和分布式计算技术的迅速发展与日趋成熟,动态监测、预警预报、趋势分析等深层次的应用已逐渐走向实用化,在水环境监测资料数据的传输、信息查询、统计分析等方面则已完全实现自动化。另外,一些相关的预测模型、专家支持系统等方面的研究也达到了推广使用的地步。

2）国内水环境信息管理技术应用现状

我国在水环境监测领域运用计算机信息技术的研究与应用起步较晚，直到 20 世纪 80 年代中期才开始这方面的研究。随着近年来工农业生产的快速发展，环境保护问题越来越得到重视，国家有关业务主管部门加大了这方面的投入，一些相关单位也已经开始了这方面的研究开发与应用。

目前，所进行的研究与开发工作主要集中在以下两个方面：

（1）水质数据库逻辑模型。

在水质数据库逻辑模型的研究与应用方面，由于水环境监测数据处理的复杂性、监测业务的多样性以及监测单位的多元性等因素的影响，其研究成果在大范围内推广应用还有一定的难度。

（2）水环境监测数据处理及评价。

在水质月报与年报处理方面，已经得到了实际应用，但其业务针对性太强，实现的业务功能也相对比较简单，这在一定程度上限制了这一类应用的大面积推广与使用。

在水质评价方面，这一类应用在水质评价标准的选择与评价方法的运用上，做得比较全面、灵活，但在按流域管理监测成果数据、按流域监管中心为各种水质公报进行评价并产生各种相关的统计数据与图表等方面尚有欠缺，一般属于水环境监测方面一个用于水质评价的专用系统。

综合国内情况来看，既具有集成性与通用性，业务功能又能够全面覆盖水环境监测从基础数据维护、监测成果数据管理、水质评价、信息发布到年度监测成果资料整汇编等业务的水环境信息管理系统在国内还没有。

3.1.1.2 黄河水环境监测业务简介

目前，黄河流域水资源保护局在黄河水环境监测方面开展的主要业务如下：

（1）根据不同的监测功能，在黄河干流及主要支流入黄口建有相应的水质监测站点(亦称监测断面),目前开展的水质监测主要有常规水质监测、省界水质监测、水量调度水质监测和引黄济津水质监测等。

(2)按照不同监测功能对监测频次的要求,如常规和省界水质监测是每月一次、水量调度和引黄济津水质监测是每旬一次,由分布在黄河流域的7个委属监测单位,根据各自管辖的范围按时到相应的水质监测站点采取水样,进行分析化验,获得相应的水质监测成果数据,并按时将数据汇总上报到黄河流域水资源保护局监管中心,监管中心对成果数据进行审核、汇总和水质评价,编制各类水质旬报、公报等。目前,编制上报的水质报有《黄河干流水量调度重点河段水质旬报》、《黄河干流引黄济津水质旬报》、《黄河流域省界水体及重点河段水资源质量状况通报》、《黄河水资源质量公报》、《黄河流域重点水功能区水资源质量公报》、《黄河干流水量调度重点河段水质月报》、《黄河水资源质量年报》、《黄河水环境质量省界年报》,同时计算水质报中需要的各种统计数据和图表信息。

(3)利用监测成果、评价结果、统计数据和各种图表等编写需要上报的各种水质信息。

(4)每年要组织黄河流域各委属监测单位和各省区监测中心进行流域水质监测资料整汇编,对上一年全流域的水质监测成果资料进行分析、审核、整汇编后,编制成册录入数据库。

3.1.1.3 黄河水环境信息管理技术现状

在黄河水环境信息管理系统建成之前,水环境信息资料处理主要采用水利部在20世纪90年代开发的一套基于DBaseⅢ数据库平台的数据处理软件,该软件属于非开放型软件,对操作人员技术水平要求较高,且开发年代较早,对目前新增业务难以适应。以后,根据工作需要,相关人员又陆续自编一些针对性较强的功能软件配合使用,由于是非专业性软件,在数据处理功能和应用范围方面适应性较差。根据黄河水资源保护工作需要,对水质监测资料的统计、分析和时效性的要求越来越高,不同目的、不同时段、不同类别、不同河段的组合统计分析越来越多,这些要求是用软件难以达到的。所以,大部分数据统计是依靠人工来完成的。在人工完成过程中,就时常出现人为错误和时限达不到要求的局面。

黄河流域水资源保护局在黄河水环境监测信息管理方面主要采用电子文档方式进行信息的管理,属于一种以电子文档为基础的半手工信息管理模式。各委属监测单位按照水环境信息发布数据上报的统一要求,按时以电子文档形式,通过电子邮件或传真将监测成果数据发送到监管中心,监管中心将各委属监测单位的电子文档进行合并,审核后进行评价、统计计算、制作图表,并产生需要上报的各种水质报告。

3.1.1.4　业务管理工作中存在的问题

在目前的业务管理工作中,主要存在以下问题:

(1)由于自编数据统计软件是非专业性软件,数据统计范围较窄,大部分靠手工作业;

(2)作业过程中容易产生错误;

(3)自编软件的专业性较强,只有个别人员适用,局限性较大;

(4)地图和图形的使用有一部分在纸质地图水平上,工作量大、图形改变难,所以有些专题图只能在关键的报告中绘制;

(5)由于水质监测信息数据量大,人工进行汇总和统计难以实现;

(6)现在所利用的有关软件局限性大,难以适应全流域的工作需要;

(7)资料不能共享。

综上所述,当前黄河流域水环境监测信息处理技术滞后,不能够有效地发挥水环境信息的应有作用。

3.1.2 黄河水环境信息管理的必要性

保证黄河污染物不超标,维持黄河健康生命是实施"数字黄河"工程的主要任务之一。充分利用当今先进成熟的计算机技术、网络通信技术、分布式计算技术、地理信息技术等现代计算机信息技术的研究与实践成果,紧密结合黄河水环境监测业务的现状与发展趋势,通过建设黄河水环境信息管理系统,大幅度提高黄河流域水资源保护局在黄河水环境监测信息管理方面的计算机应用水平,使之与时代接轨,适应并满足改革开放以来沿黄地区经济快速发展与人民生活水平日益提高的需要。同时,通过建设黄河水环境信息管理系统,从黄河流域的全局角度及水环境监测业务的发展趋势等方面出发,进一步分析、整理、规划现有的业务,使之更加科学、合理、规范,使业务处理范围更广、速度更快、效率更高、内容更细更全面,从而使黄河水资源保护局在水资源管理方面迈上一个新的台阶。

3.1.3 信息管理目标

综合运用先进的计算机信息技术,紧扣业务需要,研制开发黄河水环境信息管理系统。该系统作为"数字黄河"工程的主要内容之一,涵盖了黄河流域水质监测资料统计、分析、处理等功能,为"数字黄河"提供水质资料共享。在用户方面该系统要能够涵盖黄河流域各委属监测单位并可扩充到流域内的各省区监测中心;在业务功能方面该系统要能够实现从监测断面和监测因子等基础信息的维护、监测数据的管理、水质评价、信息发布和一年一度的监测成果资料整汇编等一套完整的水环境监测业务功能;同时该系统还要能够适应业务变化和扩充的需要,与其他业务系统留有接口;能够方便地在黄河流域各水利行业推广使用。

3.1.4 信息管理任务

信息管理需要实现以下主要业务功能：

（1）流域概况。包括监测断面基本情况、流域概况介绍、流域监测站网分布等专题图。

（2）监测业务。主要包括监测数据管理、水质评价管理、信息发布管理、数据统计、流域资料整汇编、业务基础信息维护等。

（3）查询与报表。主要包括监测断面基本情况、监测数据、评价结果、专业报表、发布信息、文档资料、图形图像资料、整汇编成果等。

（4）趋势评述。主要包括监测成果趋势图、评价结果趋势图、黄河流域水质类别比例图（质量公报）、质量年报、省界年报等。

（5）其他辅助功能有地理系统制作与查询、文档资料检索与存档、图像资料检索与存档、不同用户管理、与其他系统接口、资源共享接口等。

3.2 主要业务内容与工作流程分析

3.2.1 主要业务分析

信息管理的主要业务是处理黄河流域干流、支流的常规监测，省界监测，水量调度，引黄济津监测，小浪底水库水质监测等监测资料数据、任务；进行流域水资源质量评价，处理黄河流域的水环境质量年报、简报、公报、通报、月报，水量调度水质旬报、水量调度水质月报，并进行黄河流域水质监测资料整汇编；对入河排污口、污染源、取水口信息的管理，实行排污总量控制；水体功能区划专题图的管理，水环境和水资源保护调查资料信息的管理，流域自然、社会环境状况信息的管理和社会经济状况信息的管理；及时为上一级主管部门提供各类水质统计分析资料,为处理水污染事件(事故)会商提供技术支持,为"数字黄河"提供水质资料的共享。

3.2.2 主要业务管理工作现状

有关水资源局业务管理现状,主要是从与建立系统有关的业务着手,按照不同的信息种类,从信息采集、处理、传输和应用四个方面进行讨论。

3.2.2.1 水质信息

水质信息主要指各种类别水质站监测的水质信息。

1)信息采集

(1)监测站网信息登记:利用"文字编辑软件工具"人工完成登记。

(2)除个别监测项目外,取水样、进行试验、配置标准溶液和绘制标准曲线、进行计算获得监测结果都是人工完成的。

(3)采集的信息登记、上报:利用"文字编辑软件工具"进行登记录入计算机,打印出监测成果表进行上报。

(4)正在开发的水质站实验室数据处理系统,主要是把上述有关手工作业用计算机软件完成。

2)信息处理

(1)水质评价:把上面的监测成果表重新录入计算机,利用"水质单项评价程序"对水质进行评价。

(2)监测成果分析:人工完成。

(3)旬报、月报、季报、年报、通报和公报:人工完成,然后利用"文字编辑软件工具"进行编辑,形成有关文件。

(4)资料整编、汇编:利用"单机水质整编软件"进行水质监测数据的整编。

(5)旬报、月报、季报、年报、通报、公报和整汇编所利用的图形基本上是人工绘制,或利用以前的图形模板在计算机上利用

"图形处理软件"按照图形文件进行修改完成。

(6)信息统计、分析、处理和报表生成:人工完成。

(7)排污口、污染源、取水口的水质监测信息的处理基本上也是人工进行处理的。

3)信息传输

流域下属有关水环境监测中心和流域各省区监测中心对所属的水质站的监测数据进行整理,按照流域监管中心的要求把整理后的水质信息通过网络或传真发送到流域监管中心。

4)信息应用

(1)局领导和上级各部门,只能查阅监管中心上报的有关旬报、月报、季报、年报、通报和公报等文本。

(2)监督管理处、水资源保护研究所也是利用旬报、月报、季报、年报、通报和公报的结果。若查阅有关监测的成果数据,则要查阅整汇编得到的数据。

(3)水质信息的统计、分析有一部分由人工处理完成。

3.2.2.2　水环境,流域自然、社会、经济信息和水资源保护调查信息

1)信息采集

(1)排污口、污染源、取水口监测数据的采集类似水质监测信息以人工进行处理和传输。

(2)水环境,流域自然、社会、经济信息和水资源保护调查等信息的采集,以人工进行搜集或调查。

(3)利用"文字编辑软件工具"把采集、调查的资料输入计算机进行简单的处理存档。

2)信息处理

(1)部分信息处理由人工进行统计、分析和评价。

(2)信息上报:利用"文字编辑软件工具"编制、打印输出有关报表并上报。

3.2.3 主要业务管理方法

3.2.3.1 流域监测站网管理

1)水质站分类

水质站是进行水环境监测采样和现场测定,定期收集及提供水质与水量等水环境资料的基本单元。目前,水质站基本分两大类:基本站和专用站。

(1)基本站。

基本站是为水资源开发、利用与保护提供水质和水量等基本资料,并与水文站、雨量站、地下水水位观测井等规划设置的站。基本站应保持相对的稳定,其监测项目与频次应满足水环境质量评价和水资源开发、利用和保护的基本要求。水资源质量站、省界站、供水水源站等都是基本站。

(2)专用站。

专用站是为某种特定目的提供服务而设置的站,其采样断面(点)的布设、监测项目与监测频次等根据设站目的而定。水调站、引黄济津站、入河排污口站等都是专用站。

2)水质站的属性

水质站的主要属性包括水质站编码和名称、监测站名称、水质站类别、水质站功能、水系、河流、位置(经纬度,省、市、县、村镇)、监测河段、河段长度、至河口距离、和水文测站重合情况、监测单位、领导机关、开始监测时间和水质站编号等。

3)水质站的编码

(1)水质站编码的作用。

为了适应水资源管理对水质信息的需求,使其准确、快速地提供水质信息服务,要对黄河水质站进行统一的编码,建立黄河水质站的编码体系。这样不但有利于实现水质信息规范化和标准化管理,而且能够高效率、高质量地为各类用户提供快速准确的服务,能够对水环境信息的管理提供方便快速的检索和统计,还可以利用水质站的编码建立未来数据库和图形库的链接,实现系统内部的有机控制。水质站的编码要按照《全国水质测站编码方法》水文质[2001]14 号规定进行编码。

(2)原来水质站的编码。

黄河水质站曾进行过系统的编码,为了实现对历史数据转换的需要,除要按照《全国水质测站编码方法》对水质站重新进行编码外,还要求系统能够进行水质站新、老编码的转换。

(3)水质、水量结合站编码。

水质、水量结合的监测断面,同时可提供水质监测资料和本断面的水文资料,编码时水质、水量结合的水质监测站点采用水文测站编码,和水量未结合的水质站单独编码。

4)水质站的采样垂线和采样点

水质站由采样断面和采样点组成。

江河采样垂线布设规定如表3-1 所示。

表 3-1　江河采样垂线布设规定

水面宽(m)	采样垂线布设	岸边有污染带	相对范围
<50	1 条(中泓处)	如一边有污染带增加 1 条	
50~100	左、中、右 3 条	3 条	左、右设在距离湿岸 5~10 m 处
100~1 000	左、中、右 3 条	5 条(增加岸边 2 条)	岸边垂线距离湿岸 5~10 m 处
>1 000	3~5 条	7 条	

江河采样点布设规定如表3-2 所示。

表 3-2　江河采样点布设规定

水深(m)	采样点数	位置	说明
<5	1	水面下 0.5 m	1. 不足 0.5 m 时,取 0.5 m 水深
5～10	2	水面下 0.5 m,河底上 0.5 m	2. 如沿垂线水质分布均匀,可减少中层采样点
>10	3	水面下 0.5 m,1/2 水深,河底上 0.5 m	3. 潮汐河流应设置分层采样点

水质站的采样位置编号按照采样断面自上而下编排,垂线采样点编写按面向下游,自左向右顺序编号,上层用Ⅰ上、Ⅱ上、Ⅲ上……中层用Ⅰ中、Ⅱ中、Ⅲ中……下层用Ⅰ下、Ⅱ下、Ⅲ下……如在同一天连续采样,其编号要在垂线采样点的号码右下角注明1、2、3……次数。

5)监测站网

黄河水质站网是按照水质站的布设原则由监管中心进行规划、布设形成的黄河监测站网。黄河干流和主要支流入黄口的水质站主要由水资源局的监测机构负责进行水质监测;黄河其他支流上水质站则由该支流所在省水利厅的水环境监测中心负责进行水质监测。

根据黄河站网规划,现在水质站主要是按照功能进行划分和分类的。主要有:水资源质量站,67 个;省界水质站,55 个;供水水源站,15 个;小浪底站网水质站,14 个;水量调度水质站,12 个;引黄济津水质站,5 个;自动监测站,13 个(含 11 个规划站);移动实验室,7 个(含规划站);入河排污口,37 个。

另外,还有各省水利厅水环境监测中心所属的支流水质站,300 多个。

上述各种功能的水质站名称、编号等参见需求附件:"各种功能水质站汇总表"。对于汇总表所列的水质站,各类站点之间有交叉和重叠的情况,也就是说一个水质站在是水资源质量站的情况下还可能是省界站、水调站。

3.2.3.2 监测业务基础信息的管理

1)监测项目

(1)监测项目。

监测项目是水质站取水样和进行监测试验的因子,监测项目试验计算得到的数据是分析、评价所监测水样水质状况的最重要的因素。

(2)监测项目和监测要求。

水环境的监测涉及的监测项目比较多,共有 117 个监测项目。不但包括每一个监测项目的名称,而且包括单位、测定方法、监测范围、最低检出浓度、取用位数、相应标准等。这些要求、测定方法及标准在进行监测项目取样、试验、计算和分析、评价时都要严格遵守。对于上述的监测项目应按照常用和不常用进行总结。

2)监测类型

水质监测类型有地表水、地下水、饮用水、工业废水、生活污水、城市污水、水生生物、底质监测、悬移质监测,入河排污口、污染源、取水口监测等。

3.2.3.3 监测成果数据管理

1)采集时间

由于大部分监测项目数据的获得都需要进行试验和计算得到,所以除自动水质站外,都需要下面的过程:样品采集、实验室分析测试、资料汇总计算。要求采样的频次、采样周期、采样范围、采样方法等都要符合水环境监测规范的要求。如采样时间周期,按照水环境监测规范,黄河有关水质站的监测时间规定如下:

水资源质量站、省界水质站、小浪底水质站等:每月 1 次,每年 12 次;

水量调度水质站:非汛期每旬1次,每月3次;

自动水质站:人工可以设定监测周期和时间;

移动实验室:根据要求可以随时进行监测;

底质监测:在河床干枯时采集底泥监测;

悬移质监测:在含沙量大的月份进行监测;

入河排污口、污染源、取水口监测:根据需要决定监测时间;

水污染事故(事件)监测:根据污染发生的时间随时进行监测。

2)关于试验数据计算的规定

监测项目数据经过试验和计算获得,在计算时应遵循以下规定:

(1)水质成分测试结果,原则上按该成分的标准测试方法给出的最低检出度,以确定报告结果的有效数字位数。一般来说,当测试(计算)结果的位数经过"四舍六入五单双"的原则处理后,大于或等于该方法的最低检出浓度时,按该项目的取用位数的要求报告具体数字。用仪器分析的项目,按仪器的最低检出浓度确定小数位数。小于标准方法的最低检出浓度时,定为未检出,用"未"或"<DL"来表示,测定值超过三位有效数字时,取三位有效数字。

(2)数据的修约只能进行一次,计算过程中的中间结果不进行修约。若需要取出作为另一项目计算数据的中间结果时,可先进行修约,并以此修约数参加以后的计算。

(3)当数据加、减时,其结果的小数点后保留位数与各数中小数最少者相同。

(4)当各数相乘、除时,其结果的小数点后保留位数与各数中有效数字最少者相同。

注:"四舍六入五单双"原则:当尾数左边第一个数为5,其右边数字不全为零时进1,其右边数字全部为零时,以保留数的末位

数的奇偶决定进舍,奇进偶(含零)舍。

3)监测成果表的填写

对试验数据进行计算后,就可以对计算出的数据进行填写监测成果表。

在填写该成果表时应按照下面规定填写有关标记或符号:

(1)※为可疑符号,注于数字右上角;

(2)⊕为插补符号,注于数字右上角;

(3)"未"或"<DL"为未检出符号,填入表格中;

(4)"—"为因故缺测符号;

(5)"空格"为未测符号;

(6)"#"为舍弃符号。

3.2.3.4 水质评价与管理

1)评价的任务

对监测项目进行试验、计算获得有关数据,该数据只能表示所监测的项目在监测类别中的含量,虽然通过这个含量可以对所监测的水质有所了解,但不能对所监测的水质有全面综合的认识。因此,要根据监测的要求和有关标准进行单项水质评价和综合水质评价。评价的作用如下:

(1)可以对流域水资源的管理进行切合实际的规划;

(2)制定流域水环境管理的有关法规、条例的依据;

(3)水资源保护的具体措施;

(4)依据评价结果进行水环境管理监督的执法;

(5)各级领导可以根据水质情况和水资源状况制订当地的经济发展规划和开发战略。

2)评价的标准

水质评价根据水的用途不同采用不同的标准。主要评价标准有:

(1)《地表水环境质量标准》(GB 3838—2002);

（2）《渔业水质标准》（GB 11607—89）；

（3）《生活饮用水卫生标准》（GB 5749—2006）；

（4）《饮用天然矿泉水》（GB 8537—2008）；

（5）《农田灌溉水质标准》（GB 5084—2005）；

（6）《景观娱乐用水水质标准》（GB 12941—1991）；

（7）《水利部行业标准》（SL 63—94）；

（8）《污水综合排放标准》（GB 8978—1996）；

（9）《造纸工业水污染物排放标准》（GB 3544—2008）；

（10）《船舶污染物排放标准》（GB 3552—1983）。

在进行软件设计时,都要对上面的评价标准进行考虑。用户在评价水体质量时,可以指定利用哪种标准。例如,入河排污口浓度的评价利用《污水综合排放标准》（GB 8978—1996）等。上面所列的评价标准见需求附件。

当前黄河流域水质的评价标准采用的是《地表水环境质量标准》（GB 3838—2002）。这个标准可以作为评价的缺省标准,在用户没有改变的情况下可以一致采用这个标准进行水质的评价。

3）评价方法

（1）单项评价。

①选择评价断面不同时段的单项平均值或中位值和评价标准进行比较,决定监测项目的单项水质类别；

②计算单项超Ⅲ类标准倍数,等于（不同时段均值或中位值/Ⅲ类标准值）－1；

③计算超Ⅴ类标准倍数,等于（不同时段均值或中位值/Ⅴ类标准值）－1。

（2）断面综合评价。

根据评价断面单项监测项目的评价结果,对监测断面进行综合评价,得出监测断面的水质综合类别。

（3）有关参数的说明和计算。

①时间段。评价时间段可为旬、月、季、年、枯水期、丰水期,也可以指定任意连续的时间段,还可以跨年度进行选择。

水文年——11 月、12 月、1 月、2 月、3 月、4 月、5 月、6 月、7 月、8 月、9 月、10 月;

枯水期——11 月、12 月、1 月、2 月、3 月、4 月、5 月、6 月;

丰水期——7 月、8 月、9 月、10 月。

②代表值的计算。

中位值:对时间段内月水质均值按照从小到大进行排序,取中间的值(单数取中间的,双数取中间两个数的平均值);

平均值:对时间段内月水质均值相加除以月数;

流量加权值:对时间段内月水质均乘以流量后相加除以对应区间流量的和。

③水质类别出现概率(%)的计算。

主要计算Ⅰ类、Ⅱ类、Ⅲ类水,Ⅳ类水,Ⅴ类和劣Ⅴ类水出现的概率,方法为:概率 = 出现的月数/总月数。

④水质类别、超标项目和超标倍数。

超标Ⅲ类项目——按照时间段取超Ⅲ类标准的项目;

超标Ⅴ类项目——按照时间段取超Ⅴ类标准的项目;

超标Ⅲ类倍数——按照时间段取超Ⅲ类标准的倍数;

超标Ⅴ类倍数——按照时间段取超Ⅴ类标准的倍数。

⑤按照时间段计算干流、支流的水质类别。

首先,按照指定的时间区间计算出干流、支流中每个监测断面的水质均值;然后,计算该干流、支流的水质,公式为:水质 = ∑(水质均值×监测河段长度)/干流(或支流)总长度;最后,根据评价标准就可以确定干流、支流的水质类别。

4)评价结果

水质评价结果以如下表格表示:

(1)监测项目单项评价表;

（2）不同时段黄河重点河段水质状况一览表；

（3）黄河流域水质评价基本情况表；

（4）黄河流域水质评价＿＿＿＿＿＿＿断面时段代表值计算表；

（5）＿＿＿＿＿＿＿年黄河流域水质概况评价表等。

5）评价分析

（1）趋势分析。

指定时间区间，监测河段（或河流、流域、区域），监测项目等，对监测结果、评价结果或特征值、代表值，按照时间先后次序进行趋势分析，绘制趋势分析曲线。

（2）各种比例计算和分析。

指定时间区间，监测河段（或河流、流域、区域），监测项目等，对超Ⅲ类、超Ⅴ类的水质和监测河段（或河流、流域、区域），监测项目进行比例计算，获得超Ⅲ类、超Ⅴ类的水质在有关河段（或河流、流域、区域）所占的比例，并绘制饼状比例图和柱状图。

（3）水质项目和流量、含沙量的相关分析。

利用变量相关法对水质项目和流量、含沙量进行相关分析，求出它们之间变量关系的密切程度。密切程度用相关系数来决定，相关系数对于两个变量间相关问题可用有关公式进行计算获得。其分析方法参见需求附件的"水质项目和流量、含沙量变量相关分析法"。

6）评价的过程和步骤

水质评价的步骤如下：

（1）选择评价项目；

（2）选定评价时段；

（3）选定评价的断面、河段、河流或区域；

（4）选择评价方法；

（5）选定评价标准；

（6）进行有关评价分析，获得评价分析结果。

7)各类简报和通报

(1)各类简报、通报利用的数据。

①水质站上报的水质监测成果表；

②重点河段单项监测项目评价表；

③不同时段重点河段水质评价表和水质状况一览表。

(2)各类简报、通报的内容。

①表头部分:通报名称、发布单位、发布年期数、总期数;

②文字叙述部分:每种通报的内容不尽一样,主要有监测河段的情况、水质类别占监测河段的比例、黄河干流水质状况、支流水质状况等。

③图示部分:水质类别饼状比例图、超标河段占评价河段柱状比例图等;

④水质评价表及有关水环境评价标准;

⑤评价断面图及河段水质状况图。

(3)旬报、月报、季报、年报、通报和公报。

水质旬报、月报、季报、通报和年报除时间不同外,其计算汇总、评价方法均相同。

3.2.3.5 水质监测信息的整汇编

1)流域资料整汇编的内容

每年黄河流域监管中心都要组织流域内各委属监测单位和各省区监测中心对上一年度的监测资料进行整汇编。整汇编的目的主要是对各监测单位一年来的监测成果资料进行汇总、审查和合理性分析,并与往年同期资料及相邻断面之间的资料进行对比等。

2)水质监测资料整汇编的成果

水质监测资料整汇编的成果主要包括以下内容:

(1)资料索引表。

(2)水质站及断面一览表。

(3)水质站及断面分布图。

（4）水质站监测情况说明及位置图。

（5）监测成果表，包含：①水资源质量站监测成果表；②省界水质站监测成果表；③引黄济津水质站监测成果表；④底质监测成果表；⑤悬移质监测成果表。

（6）水质特征值年统计表，包含上面有关成果表类似内容的特征值年统计表。

（7）水质资料整汇编说明书。

对历史数据除黄河干、支流资料外，还包括山东半岛诸河的水质监测资料。

3）整汇编分析结果的表示

（1）使用法定计量单位及符号；

（2）水质项目中除水温（℃）、电导率〔mS/cm（25 ℃））、氧化还原单位（mV）、细菌总数（个/mL）、大肠菌群（个/L）、透明度（cm）外，其余水质项目的单位均为 mg/L；

（3）底质、悬移质及生物体中的含量均用 mg/kg 表示；

（4）平行样测定结果用均值表示；

（5）当测定结果低于标准方法的最低检出浓度时，用" < DL"表示，并按 1/2 最低检出浓度值参加统计处理；

（6）测定精密度、准确度用偏（误）差值表示；

（7）检出率、超标率用百分数表示。

4）整汇编图表填制说明

（1）水质监测成果表的填制说明。

①水质监测成果表格式；

②采样时间：月、日相同者省略；

③编号：按断面将全年的测次以时间顺序编号；

④断面名称填法同一览表。每页只填一个，以下相同的空白；

⑤采样位置编号：采样断面按自上而下编排，垂线采样点编写

按面向下游,自左向右,顺序编号,上层用Ⅰ上、Ⅱ上、Ⅲ上……中层用Ⅰ中、Ⅱ中、Ⅲ中……下层用Ⅰ下、Ⅱ下、Ⅲ下……如在同一天连续采样,其编号要在垂线采样点的号码右下角注明1、2、3……次数;

⑥水位:填采样时的水位;

⑦流量:填采样的流量,与水文站结合者,填写水文资料:

⑧经过整编后(指水位—流量关系曲线已定)的流量值;

⑨氧化还原电位的单位用"mV",电导率填写换算为25 ℃值;

⑩成果表中监测数据重复时,不得简略表示,数据照填;

⑪未检出分两种情况:填"未"或填"<DL"。

(2)底质监测成果表和悬移质成果表的填制说明。

对于底质监测成果表格式、悬移质监测成果表格式,填制方法同"水质监测成果表"。

(3)水质特征值年统计表的填制说明。

①"样品总数":填该断面全年内分析的水样总数("未检出"或"<DL"应统计在内)。

②检出率计算公式为

$$检出率 = \frac{水样检出个数}{分析水样总数} \times 100\%$$

其中,水样检出个数为水样总数中有检出数值的次数。凡分析方法中无检出限,均不统计检出率。

检出率为0时,只填样品总数、检出率、年平均三项,其余栏空白。

水温、pH值、悬浮物、氯离子、硫酸根、离子总量、矿化度、总硬度、总碱度、溶解氧、化学耗氧量、BOD$_5$、大肠杆菌、细菌总数等均不统计检出率。

④超标率。pH值、溶解氧、化学耗氧量、BOD$_5$、氯化物、砷化

物、挥发酚、六价铬、汞、镉、铅、大肠杆菌等统计超标率,以超出国家颁发的地表水水质标准第三类进行计算,即

$$超标率 = \frac{超标水样个数}{分析水样总数} \times 100\%$$

未列及国家《地表水环境质量标准》(GB 3838—2002)第三类的项目不统计。

检出率、超标率一般记至小数点后一位。当检出率、超标率为0时只填"0",不填"0.0"。

⑤实测范围。填全年监测次数中测得的最小值~最大值(溶解氧亦按最小值~最大值填写)范围。有未检出时,填"未"或"<DL"~"最大值"。

⑥最大值超标倍数。某项目最大值超过水质标准第三类的倍数。计算公式为

$$最大值超标倍数 = \frac{最大值}{地表水标准} - 1$$

以上属计算超标率(除pH值、溶解氧外)的项目中,超标时统计最大值超标倍数。超标倍数一般记至小数点后一位,小于0.1可记至小数点后2位,如BOD_5为5.1,超标率可记为0.02等;大于100时,取3位有效数字。超标率为0时,最大值超标倍数栏不填。

⑦最大值出现日期。溶解氧填最小值出现的日期,pH值在6.5~8.5时,填离7最远值出现日期,pH值<6.5或>8.5时,填离6.5或8.5最远值出现日期;最大值出现两个以上时,填最早出现的日期。

⑧年平均。以算术平均法计算。如果成果表中是"未",按0计算;如果是"<DL",按1/2最低检出限计算。水质成果表、水质特征值年统计表,按断面进行填写,每张成果表填一个断面。有污染带的江河,其水质特征值年统计按垂线填写。可疑值不参加计算。

3.2.3.6 监测信息的查询、统计与分析

1）查询、统计与分析的信息对象

查询、统计与分析的信息对象包括以下内容：

（1）水质站、断面、河段、监测机构信息；

（2）排污口、污染源、取水口信息；

（3）监测项目信息；

（4）监测项目成果信息；

（5）水质评价信息；

（6）监测项目特征值信息；

（7）整编的其他资料。

2）查询、统计与分析的条件要求

查询、统计与分析的条件包括以下几个方面：

（1）任意指定有关功能类别的水质站；

（2）任意指定有关排污口、污染源、取水口；

（3）任意指定监测项目（单个或多个）；

（4）任意指定监测断面、河段（单个或连续多个）；

（5）指定流域、河流、区域；

（6）任意指定时间和时间区间（＿＿＿年＿＿＿月＿＿＿日～＿＿＿年＿＿＿月＿＿＿日）或时期（枯水期、丰水期等）；

（7）任意指定行政区；

（8）在图形上勾画指定任意区域；

（9）在图上指定某种类型的水质站、断面、河段、排污口、污染源、取水口等图形元素。

（10）对上面的几种条件，可以单独取一种，也可以取多种条件，且都能够按照要求进行有关查询、统计和分析。

注：对于未检出的统计，当发现一个"＜DL"时，按照1/2检出限计算。

3）查询、统计与分析的输出

查询、统计和分析的输出包括以下内容：

（1）查询、统计和分析获得的数据能够根据用户要求格式输出；

（2）有比例要求的要能够以柱状图、饼状图形式显示；

（3）河流按照河段显示水质类别，形成整条河流的水质类别状况图；

（4）分析出的趋势图要能以曲线形式显示；

（5）能够在数字地图基础上显示的要能够在图上显示；

（6）能够以专题图显示的要以专题图的形式显示。

对于水质站、排污口、污染源等，若有多媒体信息也要能够以多媒体显示。

3.2.3.7　流域概况与水环境保护管理业务

1）自然、社会、经济情况

自然、社会、经济情况主要包括行政区名称、首府城市名称、流域名称、气候、水文、人口、用水量、生产总值、工业总产值、分类工业产值、行业工业产值、其他行业产值、耕地总面积、矿产等数据项目（行政区名称、首府城市名称、流域名称等可用行政区划编码、流域河道编码）。

2）水体功能区划专题图的管理

根据地区经济发展情况和水资源状况对黄河流域地区水体功能区进行规划，以便今后对该地区水资源保护的管理以功能区划为单元进行管理。对该地区按照水体功能区划的类别执行排污总量的控制，以保证该地区长期、稳定、持续的发展和水资源的保护。

3）水资源保护监督管理

水资源保护监督管理主要是对一些水环境及保护情况的调查数据管理，调查统计表如下：

（1）黄河流域_____省（区）水污染源情况统计表（按流域

分区);

(2)黄河流域_____省(区)水污染源情况统计表(按行政区);

(3)黄河流域_____省(区)水污染治理状况调查表;

(4)黄河流域_____省(区)主要入河排污口统计表;

(5)黄河流域城镇污水处理厂统计表;

(6)黄河流域_____省(区)重要供水水源地情况调查表;

(7)黄河流域_____省_____年社会经济现状调查表;

(8)黄河流域_____省(区)水资源及其开发利用现状调查表;

(9)黄河流域_____省(区)_____年重点污染源统计表;

(10)黄河流域地面水水质状况调查表。

对这类表的管理也是按照用户需要管理的项目内容进行管理。

3.2.3.8　法律、法规、规范等文献的管理

法律、法规、规范等文献管理的主要目标是对于水环境方面的法规、条例等文献进行计算机管理,以便使用人员能够随时方便地进行查询和浏览。对于有关规范和标准,由于它们的许多内容要参加分析和计算,因此这类内容一般都应存储到数据库中。

1)适用的法律、法规及规范标准

(1)国家法律。

①《中华人民共和国水法》;

②《中华人民共和国环境保护法》;

③《中华人民共和国水污染防治法》;

④《中华人民共和国水污染防治法实施细则》;

⑤《中华人民共和国河道管理条例》;

⑥《中华人民共和国固体废物污染环境防治法》;

⑦《中华人民共和国环境噪声污染防治法》等。

（2）国务院条例。

①建设项目环境保护管理条例；

②取水许可制度实施办法；

③征收排污费暂行办法；

④全国生态环境建设规划；

⑤污染源治理专项基金有偿使用暂行办法等。

（3）部颁规范标准。

①水利部颁布的取水许可监督管理办法、水政监察组织暨工作章程、水行政处罚实施办法等。

②国家环境保护总局颁布的建设项目环境影响评价资格证书管理办法、国家重点环境保护实用技术推广管理办法、中华人民共和国环境保护标准管理办法、建设项目环境保护管理办法、污水处理设施环境保护监督管理办法、环境保护行政处罚办法等。

2）法律、法规管理的项目

法律、法规管理的项目包括文件名称、文号、发文单位、文件密级、文件种类、发文日期、收文日期、执行日期、注销日期、主题词、文件内容（全文）。

3）法律、法规的查询要求

法律、法规的查询按以下要求进行：

（1）按照文件名、文号进行查询；

（2）以指定下面管理内容的一项或多项进行查询：发文单位、文件密级、文件种类、发文日期区间、执行日期、注销日期；

（3）给定主题词进行查询；

（4）进行全文检索。

4）规范标准的管理

对于系统要用的规范、标准、规定的管理，如果只是一般的规定，没有数据方面的要求，可以按照和前面法规、条例管理类似进行管理。如果系统在运行过程中需要调用有关规范、标准的数据,则要对这些规范、标准、规定的有关数据存储到数据库中进行管理。

3.2.3.9　**地理信息管理方法**

水环境信息系统的地理信息是系统的重要组成部分。主要是运用地理信息技术建立起环境的空间信息框架。水环境信息管理是流域综合信息的管理,不仅需要水系本身的水质信息,还需要大量的环境基础信息和与水质直接相关的要素的空间信息。如黄河水质监测站网,水质站的位置,黄河水质状况,某河段的水质状况,水质的变化趋势图,排污口、污染源的位置和分布,取水口的位置和分布,水体功能区划图,查询统计数据显示的图形等。水环境信息系统图形库中的各类图形是业务部门进行水功能区区划、黄河排污总量控制分析研究的基础信息;是领导把握环境的基本情况,进行决策的重要基础信息。对于所建立的系统而言,在查询和统计时如果依托于可视的地理图形平台,则会给用户带来操作方便、输出直观、一目了然的感觉。

3.3　信息管理总体结构

3.3.1　总体结构

随着计算机信息技术的迅猛发展,管理工作所涉及的信息量规模日益扩大,应用程序的复杂程度不断提高,单一的、传统的 C/S 结构模型日益暴露出系统开放性差,扩充困难,跨平台能力弱,软件发布及维护升级不方便,对客户端软硬件要求高等诸多问题,这些在某些方面已经阻碍了软件系统性能的发挥和使用。因此,本系统应能在黄委内部互联网和局域网下同时运行,要求系统采用

C/S 和 B/S 相结合的复合型体系结构。对于核心业务用户,因其处理的业务比较复杂,为保证系统处理业务的能力和便捷的操作界面,对于这一部分用户还采用传统的 C/S 模式,而对于数量较大的普通查询用户,则采用 B/S 模式,这样便可达到取长补短的效果。

黄河水环境信息管理系统是和地域有直接关系的系统,该系统所要建立的数据库、图形库和文件库是系统的基础。水环境信息都是在某地理位置上的数据,因此黄河水环境信息管理系统应该是管理信息系统(MIS)和地理信息系统(GIS)高度集成的一种综合性信息管理系统。系统从数据管理的角度可划分为业务信息数据库和地理信息数据库。业务信息数据库主要是对非图形的业务信息进行管理,而地理信息数据库主要是对地理信息进行管理。但两者之间相互依赖,而且还相互参考引用。因此,本系统应使两者完全紧密地融合在一起,使系统能够在后台信息的处理和前台操作使用两个方面都做到浑然一体。

3.3.2　体系结构

系统的体系结构采用 Internet/Intranet 技术,以 B/W/D(浏览器/Web 服务器/数据库服务器)三层结构和 C/S(客户机/服务器)结构相结合的体系结构。

C/S 结构具有良好的交互性,但需要在客户端安装客户端软件,不易维护。其主要用于大量数据录入、系统维护及有关数据分析等面向业务人员的应用。B/W/D 结构在客户端采用通用浏览器,操作简便,并且能够实现零客户安装。其主要用于实现基于地理信息系统的查询功能,为业务人员及相关部门的领导提供信息服务。

3.3.3 层次结构

黄河水环境信息管理系统从数据管理的角度可划分为业务信息数据库、地理信息数据库和图形图像数据库。业务信息数据库主要是对非图形的业务信息进行管理,地理信息数据库主要是对地理信息进行管理,图形图像数据库主要是对图形图像资料进行管理。但三者之间相互依赖,而且还相互参考引用。因此,本系统需要采用 MIS 与 GIS 集成技术,使两者完全紧密地融合在一起,使系统能够在后台信息的处理和前台操作使用两个方面都做到浑然一体。

3.4 数据库

3.4.1 数据库的分布

系统所依托的计算机网络分布在沿黄河的广大区域内,连接各节点的信道性能较差。如果数据集中存储在水资源局的中心机房,将不能保证系统的正常运行和良好的性能,因此我们采用分布式数据库的设计方案,在水资源局的中心机房和各个中心监测站分别建立数据库,称为中心数据库和本地数据库。中心数据库和本地数据库具有相同的数据结构,但存储的数据有所不同,其数据采用冗余存储方式,即各本地数据库分别存储本中心监测站所管辖区域的数据,中心数据库存储全流域的数据。通过控制数据采集的位置和数据库的复制技术来保证主域数据库和子域数据库的数据一致性。

3.4.2 数据库的分类

为了方便信息的存储与管理,本系统设计了三个数据库,分别是业务信息数据库、地理信息数据库和图形图像数据库。业务信息数据库用于存储与水环境监测业务有关的数值和字符信息;地理信息数据库用于存储与本系统有关的所有地理信息,即电子地图和与其相联的地理属性数据;图形图像数据库则用于存储本系统需要存储与管理的全部图形图像数据,该类数据以文件的形式进行存储、管理与使用。

另外,中心数据库和本地数据库均采用相同的数据库设计。

3.5　系统功能

3.5.1　业务信息处理功能

3.5.1.1　水环境信息的处理功能

1)监测数据的采集、发送和接收

监测数据的采集、发送和接收包括以下内容:

(1)进行数据录入;

(2)对录入的数据进行修改、校验、审核、认证和入库;

(3)下属水质站单位对监测数据进行汇总;

(4)把汇总的数据发送到监管中心;

(5)流域省属监测中心将整编后的数据发送(软盘文件)到监管中心;

(6)监管中心接收数据;

(7)对接收的数据进行校验、修正、认证和入库。

2)对监测数据的处理功能

对监测数据的处理功能包括以下几个方面:

(1)进行水质数据的单项水质评价;

(2)进行水质数据旬、月、季和年等的水质评价和分析;

(3)产生有关旬报、月报、季报、年报,通报和公报;

（4）进行水质资料的整汇编产生的有关报表：水质测站一览表、水质站监测情况说明及位置图、有关水质数据成果表、有关水质数据特征值表、资料整编说明等；

（5）监测数据的查询功能；

（6）监测数据的统计、分析和评价功能。

3）流域概况数据的处理功能

流域概况数据的处理功能包括数据的录入、修改、校验、审核、认证和入库，数据的查询、统计和分析。

4）法规、条例数据的处理功能

法规、条例数据的处理功能包括数据的录入、修改、校验、审核、认证和入库，法规的查询。

3.5.1.2 信息服务的功能

1）主要的信息服务

主要的信息服务包括法规条例查询、文件查询、水质信息查询、流域概况信息查询、流域水环境保护状况查询。

2）查询浏览的要求

零客户：通过 Web 方式进行查询和浏览；

其他功能产生的结果：要能够自动形成动态页面；

要查询的信息：水质旬报、月报、季报、年报，水环境工作进展，水环境质量信息，统计分析评价的结果，科研成果，行业动态等；

查询手段：可以通过输入查询条件和图形点击浏览等多种方式实现；

查询结果显示：可以以文字、表格、图片、音像和专题地图等多种形式显示。

3.5.1.3 信息维护的功能

1）使用维护

使用维护包括信息编码维护、使用人员维护、人员权限维护、数据备份、数据恢复。

2）数据库维护

数据库维护包括数据录入、修改、删除，数据转入历史库。

3）图形库管理与维护

图形库管理与维护主要包括图形库的日常管理、维护及更新，图形库查询、统计、编辑及输出等功能。

3.5.1.4　历史数据管理的功能

历史数据管理的功能主要包括数据查询、数据统计、数据评价、数据分析。

3.5.2　地理信息功能

3.5.2.1　系统所需电子地图

地形图是根据地形图生产的国家标准的电子地图产品，包括等高线、居民地、道路、植被、水系、土质及有关地物的基础信息。

1∶100万地形图：用于流域图形的索引和整个流域图形的显示；

1∶25万地形图：用于流域局部的显示和行政区域的显示；

1∶1万地形图：用于流域个别区域，如黄河干流断面、主要支流入黄口、主要地段、主要测站、主要排污口、主要污染源等的详细地理状况的显示，该类地形图是以系列比例尺提供的数字地图；

1∶5万地形图：类似1∶1万地形图的用途，在所需要1∶1万地形图的图纸数量较多时可以考虑用1∶5万地形图代替，该类地形图是以系列比例尺提供的数字地图。

3.5.2.2　专题图的种类分析

专题图是在基础地形图（不一定是全要素）的基础上，根据空间位置添加与水环境信息有关的专题信息。这些信息是进行水环境信息变化分析的基本相关信息。

1）行政区划图

行政区划图用于显示行政区划范围，用户掌握所关心区域的行政所属,是建立自然与社会经济信息的基础单位。

行政区划的分级:省、地、县政区。

居民地分级:首都,省、自治区、直辖市人民政府驻地,地级市人民政府驻地,县、自治县、旗、县级市人民政府驻地,镇人民政府驻地,主要自然村。该类图以系列比例尺提供的数字地图为基础获取或生成。

2)河流水系图

河流水系图主要用于显示流域内水系分布,提供空间分布信息。

河流水系图的分级为:

河流分级:六级;

湖泊、水库、渠道、泉井等以系列比例尺提供的数字地图为主。

3)人口分布图

人口分布图主要用于显示流域范围内的人口分布情况。

人口类型及数量分级为:城市非农业人口: >200 万人,100 万 ~ 200 万人,50 万 ~ 100 万人,20 万 ~ 50 万人,$\leqslant 20$ 万人。

城市农业人口: >100 万人,50 万 ~ 100 万人,10 万 ~ 50 万人,$\leqslant 10$ 万人。

县总人口: >100 万人,50 万 ~ 100 万人,10 万 ~ 50 万人,$\leqslant 10$ 万人。

该图以系列比例尺提供的数字地图为基础,单元落实到县(包括县)以上的居民地。

4)矿产资源分布图

矿产资源分布图用于显示流域范围内主要的矿产资源。按照矿产资源的类型划分为煤炭、石油、铁、铜、铝。以系列比例尺提供的数字地图为基础,单元落实到分布区域位置中心。

5)工农业生产产值图

工农业生产产值图用于显示流域范围内县(包括县)以上的

居民地的工农业产值情况。

工农业生产产值的分级：产值≤10 亿元、10 亿元＜产值≤50 亿元、50 亿元＜产值≤100 亿元、100 亿元＜产值≤500 亿元、500 亿元＜产值≤1 000 亿元、产值＞1 000 亿元；

工业产值构成类型：能源、冶金、机械、石油与化工、建材、纺织、食品及其他；

农业产值构成类型：种植业、林业、牧业、渔业、副业。

同样，工业、农业产值也可分级。以系列比例尺提供的数字地图为基础，单元落实到县（包括县）以上的居民地。

6）监测站网布设图

监测站网布设图用于显示流域范围内干流和主要支流的水质站的分布。

按水质站类型分：基本站、专用站。

按功能类型分：水资源质量站、省界水质站、小浪底站网水质站、水量调度水质站、引黄济津水质站、自动水质站等。

以系列比例尺提供的数字地图为基础，单元落实到精确定位的水系上。

7）入河排污口分布图

入河排污口分布图用于显示流域范围内干流和主要支流的入河排污口分布。以系列比例尺提供的数字地图为基础，单元落实到精确定位的水系上。

8）主要污染源分布图

主要污染源分布图用于显示流域范围内主要污染源的分布。以系列比例尺提供的数字地图为基础，单元落实到精确定位的数字地图上。

9）取水口分布图

取水口分布图用于显示流域范围内主要取水口的分布。以系列比例尺提供的数字地图为基础,单元落实到精确定位的数字地图上。

10)水体功能区划图

水体功能区划图用于显示流域范围内水体功能区划的类型和分布。

水体功能区类型分级:保护区、保留区、开发利用区、缓冲区。

其中,开发利用区二级类型:饮用水水源区、工业用水区、农业用水区、渔业用水区、景观娱乐用水区、过渡区、排污控制区。

以系列比例尺提供的数字地图为基础,按实际分布情况标绘各功能区。

3.5.2.3 系统需要生成的专题图

系统需要生成的专题图是在基础地形图或专题地图的基础上,通过对水质监测数据库的访问,获取用户所关心的水质数据,通过图形来反映水质信息的空间变化规律。

(1)水质数据变化图。

表现形式:一是在同一时间,不同水质站点数据的横向比较;二是同一水质站点在不同时间的变化;三是水质站点之间的水质变化(此部分需看两相邻站点的数据可比性)。

数据来源:数据来源由水质站点监测数据库提供。

表现方式:针对前述的三种表现形式,一是同一水质指标采用按量的比例符号表示;二是同一站点处某一观测指标的随时间变化;三是站点之间的水质渐变。

(2)统计结果显示图。

根据统计的条件和统计的数据在图上显示有关水质数据结果。

(3)评价结果显示图。

按照水质评价的河段(全河段或部分河段)、时间及项目在图上显示有关水质评价的结果。

(4)历史污染趋势变化演示图。

类似评价结果显示图。

(5)预测结果显示图。

3.5.2.4 电子地图与专题图一览表

电子地图与专题图一览表见表3-3。

表3-3　电子地图与专题图一览表

图形类别		生成方式	说明
地形图	1:100万地形图	利用电子图转换生成	水资源局提供资料
	1:25万地形图	利用电子图转换生成	水资源局提供资料
	1:1万地形图	利用电子图转换生成	水资源局提供资料
专题图	行政区划图	根据行政区划,利用1:100万和1:25万地形图生成	
	河流水系图	根据河流编码,利用1:100万和1:25万地形图生成	
	人口分布图	根据人口资料,基于行政区划图生成	水资源局提供资料
	矿产资源分布图	根据矿产资源资料,基于1:100万和1:25万地形图生成	水资源局提供资料
	工农业生产产值图	根据工农业生产产值资料,利用行政区划图生成	水资源局提供资料
	入河排污口图	根据入河排污口资料绘制	水资源局提供资料
	各种监测站网布设图	根据各种水质站资料绘制	水资源局提供资料
	水体功能区划图	根据水体功能区划资料绘制	水资源局提供资料
	小浪底水库库区立体图	利用1:1万或1:5万地形图生成	水资源局提供资料
	综合图	软件生成	

	图形类别	生成方式	说明
生成的专题图	水质数据变化图	软件生成	
	统计结果显示图	软件生成	
	评价结果显示图	软件生成	
	历史污染趋势变化演示图	软件生成	
	预测结果显示图	软件生成	
	动态纵横断面图	软件生成	
	综合分析结果图	软件生成	
影像图	栅格地图		水资源局提供资料
	遥感影像图		水资源局提供资料

3.5.2.5　电子地图图纸量的计算

1）各种比例尺图的分幅范围

各种比例尺图的分幅范围见表 3-4。

表 3-4　各种比例尺图的分幅范围

比例尺	经差	纬差
1:100 万	6°	4°
1:25 万	1°30′	1°
1:5 万	15′	10′
1:1 万	3′45″	2′30″

2）1:100 万地形图图纸用量

1:100 万地形图图纸用量根据 1:100 万接边图和黄河流域图

进行计算。

（1）直接覆盖全流域，共计 10 幅，图号为：I－47、I－48、I－49、I－50、J－47、J－48、J－49、J－50、K－48、K－49。

（2）补齐构成一个完整的流域矩形区域，加图号 K－47、K－50，图共计 12 幅。

（3）覆盖包含流域所在省加 8 幅图，图号 H－46、H－47、H－48、H－49、H－50 和 I－46、J－46、K－46。

3）1∶25 万地形图图纸用量

1∶25 万地形图图纸用量根据 1∶25 万接边图和黄河流域图进行计算。直接覆盖全流域，共计 88 幅。

4）其他图图纸用量

1∶1 万地形图：覆盖水质站的区域，一般一个水质站 1 幅图，有的需要 2 幅图或 4 幅图，在确定了具体水质站后就可以查出 1∶1 万地形图的用量。

1∶5 万地形图：覆盖水质站的区域用，其用量根据情况确定。

专题图、生成专题图和栅格图、影像图：根据需要确定。

3.5.2.6　部分地理要素编码

图形要素的编码主要有两种方式：一是根据有关的标准进行；二是根据专题内容进行。

1）水质类别和水体功能区图形颜色

水质类别和水体功能区图形颜色见表 3-5。

2）图形符号

除对本系统特有的图形要素进行编码外，还要建立图形符号库，也就是说要完善所利用的图形符号库。根据需要，把本系统所需要的图形符号加入到原来的图形系统中。

表 3-5 水质类别和水体功能区图形颜色

图形类别	水质类别	技术室采用颜色	管理处规划颜色
水质	Ⅰ类	蓝色	天蓝色
	Ⅱ类	绿色	绿色
	Ⅲ类	黄色	橘黄色
	Ⅳ类	红色	粉红色
	Ⅴ类	棕色	紫色
	劣Ⅴ类	黑色	深红色
水功能一级区划	保护区		蓝色
	保留区		鲜绿
	开发利用区		粉红色
	缓冲区		黄色
水功能二级区划	饮用水水源区		天蓝色
	工业用水区		橘黄色
	农业用水区		绿色
	渔业用水区		粉红色
	景观娱乐用水区		浅黄色
	过渡区		紫色
	排污控制区		深红色

3.5.2.7 地理信息操作功能

1）操作功能

（1）图形的缩放操作。

图形的缩放操作是指对图形的无级缩放，可以在系列比例尺数字地图的基础上实现任意比例尺的缩放显示。在缩放过程中，通过技术处理实现显示内容的自动增减,以保持图面的清晰和信息量的大小一致。缩放采取三种方式实现:一是用鼠标选择用户所关心的矩形区域进行缩放操作;二是固定比例缩放,如选择放大按钮后,单击鼠标一下,则在原图的基础上放大一倍,缩小操作相同;三是通过对话框,用户填入所要缩放的比例尺数字,地图则缩放至相应的比例进行显示。

(2)图形的漫游操作。

图形的漫游操作是指通过该操作将图形移动到用户所关心的区域。系统提供两种漫游方式:一是用鼠标拖拉漫游。实现对显示范围的连续漫游。二是大跨度的快速漫游,使图形快速漫游到用户所关心的区域,这种方式是提供对话框,用户填入相应的条件即可实现。如知道所显示区域中心点的坐标,可以进行快速漫游;输入水质站的名称或编号,也可以实现快速漫游,将水质站漫游至图形显示的中心;还可以输入相应地域的已知居民地名称实现快速漫游。

(3)图形的分层控制。

图形的管理显示采用分层的方式,即在进行图件生成时,对所要显示的内容进行科学的分类,根据分类结果确定相应的图层。不同的专题内容归并入不同的图层。系统提供图层开/关设置,用户可以对各种专题信息进行操作显示,既可以单层显示,也可以任意图层组合显示,便于用户进行分析和解决问题。

(4)地图的量算操作。

该部分功能是提供给用户的基本数字地图操作功能。用户可以通过系统提供的操作工具进行实时的地图量算。可以实时显示鼠标所在位置的坐标;可以进行任意折线段的距离计算,也同时显示每一段的距离和累计距离;也可以进行矩形区域和任意多边形的面积计算。

这些功能同样支持网上客户电子地图的操作。

2)图文互查、统计分析功能

图文双向查询与统计是本系统要求的重要功能之一。包括从空间位置到相关属性数据的查询及根据属性数据进行空间定位的逻辑查询,并对查询结果进行统计。

(1)点击查询。

激活相应的查询工具按钮,点击图形对象即可显示出该图形对象的有关属性信息,如点击图形中的监测断面图形符号即可列表显示该断面的属性内容,包括水质站编码、监测中心站名称、站点类别、站点功能、水系、河流、地址(东经、北纬,省、市、县、村镇)、监测河段、断面名称、至河口距离、和水文站点重合情况、监测单位、领导机关、开始监测时间等。

(2)圆域查询、统计。

查询、统计位于给定影响半径内的数据对象,如查询、统计某一河流附近一定圆域范围内的污染源分布情况,并将各污染源的情况(如污染源的类型、所属单位、污染排放情况、地址等)列表显示。

(3)矩形域查询、统计。

查询、统计位于给定影响半径矩形内的数据对象,方式,结果同圆域查询、统计。

(4)多边形域查询、统计。

查询、统计位于给定任意多边形内的数据对象,方式、结果同圆域查询、统计。

(5)缓冲区查询、统计。

对于某一空间对象(几何图形可以是点、线、面),给定一定的半径条件,即可查询统计出相应缓冲区范围内用户所关心的内容。

(6)数据查询(SQL 查询)、统计。

对指定的图层进行查询,将满足条件的记录生成临时文件,列表显示查询、统计的结果。对于查询得到的结果,可以实时查看相应记录所在的空间位置(将图形对象自动漫游至显示区域的中心位置)。

3)空间对象的多媒体信息链接

黄河水环境信息管理系统所使用的图形符号和基础地理数据的表示方法一样,大多是抽象的。通过上述查询方式,用户可以随时了解相应图形符号所代表的具体空间实体的属性特征。空间对象的多媒体信息链接,是利用多媒体手段,将抽象的点、线、面等地图符号配以声音、动画、照片、图表、文字等,这样可以多角度、多层次地表征流域范围的全方位、综合性的水环境信息。实现方式是用户激活相应的工具按钮,再点击相应的空间实体图形符号,即可查看相应的多媒体信息。

4)专题图输出

系统提供多种专题图生成模版。用户可以选择柱状图、饼状图、散点图、曲线图等来表达专题信息。系统提供制图输出模版,用户可以对自己感兴趣的任何区域进行版面设计,然后通过喷墨绘图仪或打印机输出。可把地图拖放到 Microsoft Word、Excel、PowerPoint 和 CorelDRAW TM 等其他应用程序中或把地图直接输出到 Adobe PhotoShop 中。为用户编制简报、通报等文本提供直观的图形可视化表达方法。

5)零客户实现模式

零客户模式,通过 MapXtreme 开发实现。MapXtreme 是基于 Internet/Intranet 的地图应用服务器。它采用标准的 TCP/IP 协议,通过 HTTP 进行文档和文件传输,在浏览器端为标准的 HTML 语言,从而保证了与客户端浏览器的无关。MapXtreme 在客户端提供了两种工作模式,一种是标准的 HTML 网页模式,任何支持 HTML 的浏览器都可正常工作,如 IE、Netscape、或 Unix 平台的浏览器,推荐在 Internet 上采用这种工作模式。另一种是 Java Applet 插件,这种方式能够增强在浏览器端的交互性,但对网络速率要求较高,建议在 Intranet 上采用。MapXtreme 向用户提供 Java Applet 的源码,便于用户添加和维护自己的应用。在 ASP (Active ServerPage) 环境下 ,MapXtreme 在 Server 端的开发语言为 VBScript 或者 JavaScript. ,开发环境为 VisualInterDev ,在客户端可方便地扩展 HTML、Java 或 JavaScript 支持。

3.5.3 管理功能

3.5.3.1 设置

设置功能包含本系统的通用功能的设置,包括改变用户、密码修改、打印、打印预览、折页打印、折行打印、转存、水质状况图形显示、退出等。

3.5.3.2 流域概况

该功能主要通过各种地理专题图反映与黄河流域水环境监测业务有关的基本信息。

主要专题图:流域概况介绍、流域行政区划图、流域水系图、流域监测站网分布图、全流域监测站网、入河排污口、污染源、取水口、水体功能区划、污染事故和流域自然概况专题图。

全流域监测站网:流域委属监测站网和流域省属监测站网。

流域委属监测站网:常规监测站、省界监测站、小浪底监测站、入河排污口监测站、供水水源地监测站、自动监测站、水调水质监测站、水利工程监测站。

流域省属监测站网:常规监测站、地市界监测站、入河排污口监测站、供水水源地监测站。

流域自然概况专题图:人口专题图、工农业总产值专题图、年排污量专题图。

3.5.3.3 监测数据管理

监测数据是整个系统的核心业务信息,其功能应充分实现用户的业务需求,具体应能完成监测成果数据的制表、录入、维护、导出、传送、导入、认证、历史数据导入、水量数据导入及监测成果数据按年度备份等工作。另外,其操作应该十分方便,数据应高度安全可靠。

1)监测数据录入

监测数据录入包括制表、初始录入、校核录入、复核确认、查看初录完成数据、异常数据判断设置等功能,根据用户业务处理的实际流程,监测数据录入功能采用权限控制,特定的用户只能进行特定的操作,具体包括以下几个环节:①制表;②初始录入;③校核录入;④复核确认。环环相扣,依次进行。首先,拥有制表权限的用户指定监测功能、监测时段、监测断面、监测因子、分析方法等。系统根据这些指定生成监测数据录入表格。制表环节完成之后,拥有初始录入权限的用户,方可录入数据。以上四个环节完成之后,监测成果数据就成为正式数据,进入正式监测成果表中,供其他模块使用,如评价、统计、查询等。在成为正式数据之前,为保护用户的劳动成果,在各个环节都进行了数据的冗余处理。例如,当用户进行某一环节的处理时,发现前一个环节存在严重错误(如制表时,用户漏选了一些断面,而初始录入用户录入了一些数据后,发现了这个错误),通知制表用户删除错误的制表记录,重新制表并能继承已经输入的监测成果数据,有效地保护用户的劳动成果,提高了系统的实用性。

2)监测数据维护

虽然,监测数据录入按严格的流程进行,但有时仍需要对监测数据进行必要的调整,监测数据维护功能应能够实现这种处理。

3)监测数据导出

基层监测单位通过监测数据导出功能导出监测数据,以便将其发送到流域监管中心,并导入系统的中心数据库。

4)监测数据导入

流域监管中心通过监测数据导入功能导入基层监测单位的监

测数据。

5）数据认证导入

数据认证导入功能用于保证流域监管中心导入基层监测单位的监测数据时的正确性。

6）黄河流域旬测历史数据导入

黄河流域旬测历史数据导入功能实现将历史的旬测监测数据导入中心数据库或本地数据库。同时，也提供了一种过渡的手段。

7）黄河流域月测历史数据导入

黄河流域月测历史数据导入功能与黄河流域旬测历史数据导入功能类似。

3.5.3.4 水质评价管理

水质评价管理包括旬评价、月评价、年评价、水期评价、时段评价、分区评价和河流评价，各类评价结果均应生成评价结果详细信息表及各种需要的特定的报表和图形资料，同时还应提供打印、转存功能。

与评价有关的监测断面、监测因子、评价方法、水质评价标准、代表值计算方法都应能根据实际的需要进行选择。其中，监测断面、监测因子的选择还应能继承并允许用户调整。

1）旬评价

旬评价包括水调和引黄济津两种。

2）月评价

月评价包括省界公报、质量公报和水调月报三种。

3）年评价

年评价包括质量年报、省界年报、水资源公报三种。

4）水期评价

水期评价包括丰水期和枯水期两种。

5）时段评价

时段评价为用户提供任意时段的水质评价，其属于一种临时性的评价。

6）河流评价

河流评价功能实现对一条特定河流的水质进行评价。

3.5.3.5　信息发布管理

信息发布主要实现将评价结果数据以网页和 Word 文档的形式对外进行公布。

1）旬报

旬报功能实现水调和引黄济津两种旬报的对外信息发布管理。

2）月报

月报功能实现省界公报、质量公报和水调月报三种月报的对外信息发布管理。

3）年报

年报功能实现质量年报、省界年报、水资源公报三种年报的对外信息发布管理。

4）产生对外发布 Access 数据库

产生对外发布 Access 数据库功能实现将对外发布的各种水质报的信息转存到 Access 数据库，使对外发布的网页能够脱离本系统浏览，从而可以将本系统的对外发布信息体提交给其他系统，使用户通过其他系统也能够浏览到本系统的对外发布信息。

3.5.3.6　统计

1）监测成果统计

监测成果统计包括时段特征值统计、按断面年度时段排序的监测成果统计和动态监测成果统计等功能。

2）评价结果统计

评价结果统计包括河流评价结果统计、多年不同时段评价结果统计、多年不同水期评价结果统计和多年不同断面评价结果统计。

3.5.3.7 整汇编

监测资料的最终成果是形成每年的汇编资料。监测资料成果汇编每年进行一次,分两个过程完成。首先,委属基层监测站和省区监测中心要把上年度的监测资料按照规范要求予以整编,这个过程称为在站整编;其次,在站整编资料经过进一步的程序确认,按照相应规范要求汇编在一起,刊印成册,形成整个流域年度的汇编资料。整个过程称为资料整汇编。

1)在站整编

在站整编包括监测数据录入、成果表统计、特征值统计、整汇编文档等功能,实现基层监测单位对其一年的监测成果数据进行校核、复核并进行相应的整编记录。

2)整汇编成果导入、导出

整汇编成果导入、导出功能实现基层监测单位与流域监管中心之间进行整汇编资料数据(本辖区)的交互。

3)整汇编成果网络传输

整汇编成果网络传输功能通过网络实现基层监测单位与流域监管中心之间进行整汇编资料数据(本辖区)的交互。

4)整汇编成果单位互相审核

整汇编成果单位互相审核功能实现在各基层监测单位之间进行监测成果相互审核。

5)整汇编成果流域中心复审

整汇编成果流域中心复审功能实现流域监管中心对全流域的监测成果进行最终的复审。

6)整汇编成果维护

整汇编成果维护功能为监测成果资料整汇编提供必要的维护功能,以实现可能的调整处理。

7)整汇编成果查询

整汇编成果查询功能为监测成果资料整汇编提供必要的查询

服务。

3.5.3.8　业务基础信息维护

业务基础信息维护包括：

（1）监测功能编码维护；

（2）监测因子维护；

（3）监测断面维护；

（4）评价标准；

（5）方法维护；

（6）入河排污口基本情况；

（7）取水口基本情况；

（8）污染源基本情况；

（9）信息发布网页模板维护；

（10）信息发布 Web 服务器 IP 地址设置等功能。

3.5.3.9　查询与报表

1）监测断面基本情况

监测断面基本情况查询与报表功能实现监测断面信息的查询。

2）监测数据

监测数据查询与报表功能实现监测数据的查询，主要包括按监测单位与监测功能查询、按监测功能与监测断面查询、按时段与断面因子组合查询。

3）评价结果

评价结果查询与报表功能实现查询各种类型的评价结果。

4）专业报表

专业报表查询功能实现以下信息的查询：

（1）黄河干流水量调度重点河段水质旬报；

（2）引黄济津应急调水重点河段水质旬报；

（3）黄河流域重点河段监测断面水质评价一览表；

（4）黄河流域水质类别比例图；

（5）黄河流域省界断面水质状况一览表；

（6）黄河流域水质评价河长基本情况统计表；

（7）委属各监管中心（站）实施监测断面统计表；

（8）全年各类水质断面占评价断面比例图；

（9）全年各类水质河长占评价河长比例图；

（10）全年、丰水期、枯水期各类水质断面占评价断面比例图；

（11）全年、丰水期、枯水期各类水质河长占评价河长比例图；

（12）省界水环境监测河段水质类别统计表；

（13）黄河流域省界监测河段丰水期、枯水期水质评价结果；

（14）省界监测河段丰水期、枯水期断面水质类别比例图。

5）发布信息

发布信息查询功能实现对外发布信息的查询。

6）文档资料

文档资料查询功能实现文档资料的查询。

7）图形图像资料

图形图像资料查询功能实现图形图像资料的查询，主要包括以下几个方面：

（1）监测断面图片资料；

（2）入河排污口图片资料；

（3）取水口图片资料；

（4）污染源图片资料；

（5）监测断面影视资料；

（6）入河排污口影视资料；

（7）取水口影视资料；

（8）污染源影视资料。

8）整汇编成果

整汇编成果查询功能提供整汇编监测成果、整汇编年特征统计的查询。

3.5.3.10　趋势比例图

趋势比例图功能提供监测成果趋势图、评价结果趋势图、黄河流域水质类别比例图(质量公报)、质量年报趋势比例图和省界年报趋势比例图的查询。

其中,质量年报趋势比例图中有:

(1)全年各类水质断面占评价断面比例图;

(2)全年各类水质河长占评价河长比例图;

(3)全年、丰水期、枯水期各类水质断面占评价断面比例图;

(4)全年、丰水期、枯水期各类水质河长占评价河长比例图;

(5)省界监测河段全年、丰水期、枯水期断面水质类别比例图;

(6)黄河流域省界年污染河段比例变化图。

3.5.3.11　文档资料

文档资料模块管理水环境监测业务涉及的各种档案,共分为三大类型,即法律法规、标准规范和业务文档。法律法规和标准规范又分为四小类:国家、水利部、黄委和黄河流域水资源保护局。业务文档分为实验室文档、技术室文档、监测任务书资料、流域概况及黄河流域分区废污水排放量统计表、(省)区主要入河排污口统计表和(省)区水污染源统计表。

3.5.3.12　图像资料

图像资料模块管理水环境监测业务涉及各种影像资料,共分为二大类,即图片资料和影视资料。图片资料和影视资料又都分为四小类:监测断面影像资料、入河排污口影像资料、取水口影像资料和污染源影像资料。

3.5.3.13　系统维护

系统维护功能主要实现以下系统基础信息的维护。

(1)编辑编码类型;

(2)编辑用户编码;

(3)编辑用户其他编码;

(4)模块管理;

(5)角色管理;

(6)用户管理;

(7)导出数据;

(8)导入数据;

(9)监测成果数据备份与恢复;

(10)历史数据转换;

(11)已注册地图的维护;

(12)更新地图;

(13)系统参数维护。

3.5.3.14　地图查询

地图查询包括:

(1)断面查询;

(2)河流查询;

(3)湖泊水库查询;

(4)入河排污口查询;

(5)污染源查询;

(6)取水口查询;

(7)通过地图界面直接查询监测断面的基本情况;

(8)通过地图界面直接查询监测断面最近的水质监测数据和评价结果。

3.5.3.15　地图制作

在制作地图时,系统应提供以下的地图基本编辑功能:

(1)添加点;

(2)添加直线;

(3)添加折线;

（4）添加多边形；

（5）添加文本；

（6）图层属性；

（7）新建图层；

（8）增加图层；

（9）删除图层；

（10）添加测站；

（11）旋转测站符号；

（12）改变图元样式；

（13）注册地图；

（14）保存。

3.5.3.16　新建地图

新建地图功能主要包括以下几点：

（1）新建一个空白地图；

（2）新建一个含有基本地理信息的地图；

（3）复制一个地图。

3.5.3.17　修改地图

修改地图主要包括对以下地图的修改：

（1）流域行政区划图；

（2）流域水系图；

（3）流域监测站网分布图；

（4）入河排污口；

（5）污染源；

（6）取水口；

（7）水体功能区划；

（8）污染事故；

（9）流域自然概况专题图；

（10）新建的地图；

（11）其他。

其中，流域监测站网分布图又包括：

（1）全流域监测站网；

（2）流域委属监测站网；

（3）流域省属监测站网；

（4）自动监测站；

（5）小浪底监测站；

（6）常规监测站；

（7）省界监测站；

（8）入河排污口监测站；

（9）供水水源地监测站；

（10）水利工程监测站；

（11）水调监测站；

（12）引黄济津水调监测站。

流域自然概况专题图包括：

（1）人口专题图；

（2）工农业总产值专题图；

（3）年排污量专题图。

3.5.3.18　更新监测站网地图

更新监测站网地图功能实现在监测站网地图上修改后，将其更新到系统中去，从而实现地图的共享。

3.5.3.19　设置点要素

设置点要素功能实现地图点要素的属性设置。

3.5.3.20　注册地图

注册地图功能实现将修改的地图注册到本系统，即将修改的地图上传到地理信息数据库，以便实现地图信息的共享。

3.5.3.21　地图操作

打开黄河地理信息系统网页，进入信息服务子系统，在该子系统中,通过可视化的地图界面,用户应能对地图进行的基本操作有放大、缩小、漫游、地图居中、全图显示、查看所选断面的基本信息、查看所选断面最新的业务信息、距离测量、视野控制、图例显示、地图定位、图层控制等。

3.5.3.22 监测数据查询

浏览器用户通过评价结果查询功能应能选择监测断面、监测因子、输入查询时段范围,并查询出相应的监测成果数据。

3.5.3.23 评价结果查询

浏览器用户通过评价结果查询功能应能选择监测断面、输入查询时段范围,并查询出相应的水质评价结果。

3.5.3.24 水质报查询

浏览器用户通过水质报查询功能应能查询各种水质报,如旬报(水调、引黄济津),月报(省界公报、质量公报、水调月报),年报(质量年报、省界年报)。

3.5.3.25 地理信息查询

浏览器用户通过地理信息查询功能应能查询的地理要素有监测断面、常用地名、河流、湖泊水库、入河排污口。

3.6 关键技术开发与实现

3.6.1 关键技术

通过对黄河流域水资源保护当前的业务流程和需求分析可知,黄河水环境信息管理系统是一个涉及流域级管理的大型应用软件,具有区域、时间、用户的大跨度特性。在区域跨度上,要适应黄河干流和支流,省区和流域的不同管理特性;在时间跨度上,要在历史数据的转换、现有数据的采集和未来数据的衔接上进行有机的集成;在用户跨度上,针对不同的应用对象(上至水利部、国家环保总局,下至水质监测站各级管理机构),按照不同级别的应用目的,完成各自需要的特殊功能,如适用于不同目的的动态查询功能、不同要求的动态统计功能、不同类型的报表打印功能等。另外,采用中间件技术和数据挖掘技术,以提高软件的共享能力和资料延伸范围,采用模板技术,自动形成资料发布文档,以提高系统自动化程度和智能化程度,提高信息资源的时效性等。

本系统要能够实现从监测数据的发送与接收、历史监测数据的导入、监测数据的管理、基础数据维护、各种水质评价、各种水质信息的产生与发布、各种信息组合查询、动态报表生成、年度资料整汇编等功能。这些功能涵盖了水质信息处理的核心业务,要求功能完备、业务相互紧密关联、算法严密、操作简捷流畅、信息高度集成,具有数据挖掘技术和高智能化管理。另外,本系统与后续建设的其他应用系统留有接口,如水质自动监测系统、入河排污口远程监控系统、监督管理应用系统等,还需要为黄河水资源保护会商系统提供技术支持、为"数字黄河"提供共享资源等。本系统作为黄河数字水资源保护的核心组成部分,构建水质监测数据运行管理平台,是实现污染不超标的重要环节之一。

综上所述,黄河水环境信息管理系统由于其应用范围的广泛性和应用对象的特殊性,不但要求系统处理数据迅捷、准确,还要求具备系统的多功能性。这些功能大多都是现有开发软件所不具备的,也没有先例可以借鉴,需要在开发过程中采用关键技术予以解决。本系统所采用的关键技术在于以下几个方面。

3.6.1.1 系统完整性技术

尽管本系统是针对委属监测单位设计的,但同时也考虑了流域省区监测单位的应用,即系统的直接用户可按流域性扩展到省区监测单位,在其运行平台上都具有较好的通用性,其关键点主要体现在:

(1)基础数据应可根据需要进行添加与修改,主要包括监测单位、监测功能、监测断面和监测因子等。

（2）各种标准应可根据需要进行添加与修改，主要包括各种水质评价标准、监测因子的有效位数与检出限、异常数据的范围等。

（3）在业务的各个环节，如在监测数据管理、评价、信息发布、年度整汇编、统计和查询与报表等业务中，监测单位、监测功能、监测断面、监测因子、评价标准、代表值类别等都应可根据实际需要进行选择。

3.6.1.2　MIS 与 GIS、C/S 与 B/S 集成技术

本系统从编程实现的角度看，包含了 MIS 编程、GIS 编程和 ASP 编程；从处理的信息角度看，包含了水环境监测业务信息和地理信息。因此，在系统编程方面需要实现三种编程模式的融合，在数据库设计与使用方面实现两种信息类型截然不同的信息的结合与贯通。

在时间上，本系统应能将历史、现在与将来的水环境监测信息集成在一个数据库中；在流域层面上，系统应能将一个流域内各委属监测单位和省区监测中心的水环境监测信息集成在一起。

本系统是一个具有高度集成性的系统，其设计与实现难度都非常大，需要创造性地解决相关技术难点。

3.6.1.3　自适应性设置技术

本系统在处理监测业务时，提供了足够的灵活性，能够适应监测业务内容的不确定性和多变性等特点，同时这也是为了使系统能够适应将来一段时期内业务不断发展与变化的需要，从而延长系统的生存周期，更好地发挥投资效益。

处理监测业务时的灵活性，主要体现在以下几个方面：

（1）在监测成果管理、水质评价、信息发布和监测成果资料整汇编等业务中，应能根据需要任意设置相关的监测断面和监测因子。

（2）在水质评价中,应能根据需要设置不同的评价方法、评价标准和代表值计算方法。

（3）监测单位、监测功能、监测断面和监测因子应能根据实际需要进行设置。设置之后,后续的监测成果管理、水质评价、信息发布、监测成果资料整汇编等业务即随之适应。

3.6.1.4 动态报表技术

目前,对信息资料的查询和统计是具有多样性的,根据不同的使用对象或不同的使用目的,对要查询的数据属性和排列组合是不同的。采用常规数据库管理方式的查询和统计,已不能满足这种需要,现在需要一种动态表格技术,这种技术的具体解释是:表格中元素可任意选择,排列可任意组合(行、列可选),根据使用者意愿,输出形式可自主设置。

这种动态表格技术可满足从不同的角度查看、统计监测成果数据,将有利于分析水质的变化规律。所谓不同的角度,即年度、时段(月份或旬)、监测断面和监测因子的不同组合与排列顺序。例如,通过查看某断面在不同年度的某个时段某些监测因子的监测成果数据,即可分析出某断面水质的历史变化情况。再如,通过查看某年度某时段的不同监测断面的某些监测因子的监测成果数据,即可分析出某个时期水质在不同断面之间的变化规律。因此,要实现这种较深层次的业务应用需求,系统必须提供动态查询统计功能。

3.6.1.5 智能化信息发布技术

各种水质公报网页的具体内容可以分为四类信息:一是在评价时产生的表格数据,二是评价时产生的趋势比例图,三是可以根据评价结果统计出来的信息,四是一些固定的文字描述。各种公报的文字描述部分都相对变化不大。因此,新一期的公报可以根据上一期的模式和本期的评价结果自动产生,然后辅以必要的修改调整即可得到新一期的公报,从而大大提高业务的处理速度。

因此,系统需要在评价确认时,利用适当的模板和统计规则自动产生新的水质公报网页,使信息发布具有一定的智能性。

3.6.1.6　数据质量控制技术

监测数据是本系统最基础、最重要、数据量最大的业务数据。在评价、信息发布、资料整汇编、统计、查询与报表等业务环节中,都要直接或间接使用监测数据进行相应的业务处理。要确保监测数据的正确性,则必须有行之有效的质量控制流程和辅助手段,具体要求如下:

(1)监测数据的录入应按制表、初始录入、校核录入、复核确认四个环节进行。

(2)初始录入和校核录入应该相互独立进行并能进行相互比对。

(3)系统应提供监测数据异常判断功能,异常判断包括与正常值比较、与上年同期比较和与上测次比较。

(4)系统应提供监测数据趋势图功能。

3.6.1.7　整汇编数据异地互审技术

黄河流域每年都要组织全流域各委属基层监测单位和各省区监测中心对上一年度的监测成果资料进行整编,其中一个主要的环节是进行监测单位之间的互审,传统的处理方法是将有关人员集中在一起,大家面对面的进行互审。由于黄河流域地域辽阔,将人员集中起来并不容易,本系统应能实现监测成果资料的异地互审功能。所谓异地互审,即不集中人员,各自在单位完成对其他单位的监测成果资料的审核工作。

3.6.1.8　水质状况可视化显示

为了能更直观地反映河流的水质状况,系统应能以多种可视化表现方式来显示水质的好坏,如各种统计分析图形,根据评价水质的类别让河流显示不同的颜色等。

3.6.1.9 打印报表调整的自动记忆

目前,大部分 MIS 系统的打印虽都是所见即所得的,但是在打印预览状态下,一般不能再进行调整。本系统涉及的很多报表都是动态报表,实际业务要求报表要能在打印预览状态下进行必要的调整,但如果每次打印时都要进行这样的调整,一是不方便,二是很难保证每次的一致性。为此,系统应能按报表类型,自动记忆调整的结果,并在下一次打印相同类型的报表时,自动继承上一次的调整。

3.6.2 关键技术的具体实现

3.6.2.1 系统完整性的实现

本系统的系统完整性主要体现在两个方面,一是监测业务的完整性,二是监测单位的完整性,具体实现思路与方法如下。

1)监测业务完整性的实现

实现监测业务的完整性,关键在全面深入地对水环境监测业务进行系统需求分析与系统设计。通过广泛与业务人员进行反复的业务需求分析,同时还通过两次专家咨询会广泛听取了专家们的意见,并适时对设计与开发工作进行了必要的调整。目前,系统提供的基础数据维护、历史监测数据的导入、监测数据的管理、监测数据的发送与接收、各种水质评价、各种水质信息报的产生与发布、年度资料整汇编、统计和查询与报表等功能,能够比较全面地满足水质信息处理的业务需要,较完整地实现了各项水环境监测业务。

2)监测单位完整性的实现

实现监测单位完整性的关键是要能够将本系统在各委属基层监测单位和各省区监测中心及省区分中心推广使用。因此,本系统的用户有四种类型,分别是流域监管中心、委属基层监测单位、省区监测中心和省区分中心。其中,省区监测中心具有双种身份,相对流域监管中心而言,其与委属基层监测单位属同一个层次的用户,但相对省区分中心而言,它又是流域监管中心。如何使本系统在安装与使用过程中,能够比较简单流畅地兼顾各种用户,是实现监测单位完整性的关键所在。

3.6.2.2 MIS 与 GIS、C/S 与 B/S 集成的实现

1)MIS 与 GIS 集成的实现

(1)MIS 与 GIS 集成的概念。

黄河水环境信息管理系统是涉及多种数据的系统,它管理的数据有文本数据、图形数据和图像数据。这样,系统也就涉及了对数据、图形和图像的多种操作方式,建立的管理平台也包含数据库管理系统平台和地理信息系统平台,所采用的技术也就有 MIS 技术和 GIS 技术。由于 MIS 技术和 GIS 技术是针对管理不同对象进行不同操作的两类不同的技术领域,因此一般情况下建立的系统若是以 GIS 为主,则把系统建立在地理信息系统平台上,以 GIS 的操作为主,进行少量的 MIS 操作和管理。同样,系统若是以 MIS 为主,则把系统建立在数据库管理平台上,以 MIS 的操作为主,进行少量的 GIS 操作和管理。当前建立的包含两种技术的系统,许多都是两者相对独立或对 MIS 操作和 GIS 操作进行简单结合的系统。这样,用户使用起来像是系统披了两张皮的感觉,在对数据管理进行操作时打开 MIS 界面,在对图形操作时打开 GIS 界面。

我们认为,在计算机技术非常成熟的今天,开发这样的系统提交给用户使用显然不符合时代的要求。无论是从用户实用性角度还是从系统开发者角度考虑,系统提交出来的都应是一个整体,是 MIS 和 GIS 密切结合、融为一体的系统。所谓 MIS 和 GIS 的集成,不是将 MIS 数据与 GIS 空间数据简单地联系结合,而是要将 MIS 与 GIS 有机无缝集成,使其构成一个完整的系统。就是把 MIS 操作和 GIS 操作紧密结合、融为一体,即做到界面、操作一体化,实现方便快捷的数据互连与互访,保持 MIS 与 GIS 数据的一致性和完

整性,使图形、文字、表格一体化。

(2)MIS 和 GIS 集成设计思路。

要把 MIS 和 GIS 集成有三种方法:①把 GIS 靠近 MIS 进行设计;②把 MIS 靠近 GIS 进行设计;③建造一个新的平台涵盖 GIS 和 MIS。第三种方法显然不现实,具体采用第一种方法或是采用第二种方法,要根据系统的功能要求、实现的难易程度来决定。

本系统主要是进行水环境信息的管理,平时处理的都是数据文本信息,图形主要是用来进行显示、查询。从办公角度来看,利用本系统进行业务办公的操作要远远超过利用图形进行显示和查询的操作。另外,从技术实现角度来说,GIS 提供的办公功能(MIS)要弱于 MIS 提供的对图形操作的功能。所以,我们确定采用第一种方法实现 MIS 和 GIS 的集成。也就是说,系统的设计按照 MIS 格式进行,把 GIS 的功能和相关大部分操作放置在 MIS 界面中。

(3)MIS 和 GIS 集成的设计。

①数据库设计的统一。MIS 和 GIS 都使用同一种数据库进行管理。图形信息本质上也是一种数据信息,它是一种空间位置的数据信息,因此平时我们也称图形库为空间数据库。既然图形信息是一种数据信息,那它当然可以利用数据库管理系统进行管理,只是把图形元素作为一种特殊的数据类型而已。这样,MIS 和 GIS 的后台都是一种数据库平台,对图形的操作也就变成了对数据库的操作。本系统数据库统一采用 ORACLE 数据库管理系统作为数据存储平台。

②开发平台的统一。理论上采用何种开发平台并不影响 MIS 和 GIS 的集成。但为了系统的风格一致、维护方便,系统主要部分的开发还是建立在一种平台上为好。本系统 MIS 与 GIS 的开发都建立在 PB 开发平台上。

③MIS 与 GIS 的相互关联。由 MIS 中的信息可以关联地理信

息中的地理要素,从地理要素可以调出 MIS 中的信息。如果不是按传统的习惯,将两个特点不同的部分,一部分称为 MIS,另一部分称为 GIS 的话,实际上本系统就是一个系统,传统的 MIS 中含有传统的 GIS 功能,传统的 GIS 中含有传统的 MIS 功能。

④对于相对独立的 GIS 操作,如基础图形(不包含水环境图形信息的图形)的维护、在基础图形进行的不涉及水环境图形信息的查询等,也可以单独利用 GIS 有关平台进行开发。

(4)在 MIS 中对 GIS 操作的实现。

除了个别的图形操作,系统的主要功能都是在 MIS 中实现的。这样,就会出现在 MIS 中如何实现 GIS 功能和操作的问题。系统采用对图形的管理是 MapInfo 地理信息系统,该系统提供了许多对应的开发工具和开发控件——MapBasic、MapXtreme、MapX。另外,通用的开发工具 VB、VC 也可以对 MapInfo 进行开发。

目前,系统采用的开发工具主要是 PB,PB 对 MIS 的开发可以说是得心应手,而对于 GIS 的开发则显得牵强。如果 PB 能够调用 MapInfo 专用的开发工具和开发控件,就会很容易实现 PB 对 GIS 的开发。为此,我们分析了 MapInfo 专用的开发工具和开发控件发现,调用 MapX 控件是关键。我们研究了 MapInfo 公司对调用这些开发控件提供的核心资料,找到了 PB 调用 MapX 的途径,编写了利用 PB 调用有关 MapX 的模块。这样,在 PB 的平台上就能够任意调用 MapX 控件,也就是说解决了 MIS 和 GIS 集成的关键,实现了 MIS 和 GIS 的集成。

(5)系统框架的组织。

用 PB 编写的 MIS 模块和对 GIS 操作的模块,进行系统框架组织是非常容易实现的。但前面已经说过,对地理信息系统还编写有专门的对基础图形操作的 GIS 模块。这些模块不是和前面的模块在一个平台上开发的,如果不把这些模块和 MIS 模块组织成为一体,系统将不是一个完整的应用系统。这样显然不能算是对MIS 和 GIS 集成的成功。由于专用的 GIS 模块是针对基础图形操作的模块,功能比较单一,在办公中基本不使用。所以,我们对系统框架进行了这样的组织:系统的初始界面由三部分组成,第一部分是 MIS 的办公菜单;第二部分是对图形操作的功能按钮;第三部分是本系统使用的图形。

在进入系统时,根据上机人员的权限和角色,系统对第一部分和第二部分菜单及按钮自动进行了开放与封闭的限制。一般人员上机时,第三部分按钮只提供显示操作和查询功能;系统维护人员上机时,系统才提供对图形的维护功能。

2)C/S 与 B/S 集成的实现

由于本系统是在广域网(实际上是内部互联网)和局域网下同时运行的系统,所以系统采用以 C/S(客户机/服务器)结构为主、B/S(浏览器/服务器)结构为辅的体系结构。

随着计算机信息技术的迅猛发展,管理工作所涉及的信息量规模日益扩大,应用程序的复杂程度不断提高,单一的、传统的 C/S 结构模型日益暴露出系统开放性差、扩充困难、跨平台能力弱、软件发布及维护升级不方便、对客户端软硬件要求高等诸多问题,这些问题在某些方面已经阻碍了软件系统性能的发挥和使用。为了解决这些问题,系统采用 C/S 和 B/S 相结合的复合型体系结构。对于核心业务用户,因其处理的业务比较复杂,为保证系统处理业务的能力与便捷的操作界面,对于这一部分用户还采用传统的 C/S 模式,而对于数量较大的普通查询用户则采用 B/S,这样便可达到互相取长补短的作用。

3.6.2.3 系统通用性的实现

1)基础数据可维护性的实现

为了实现系统的通用性,在系统基础数据方面,监测单位、监测功能、监测断面、监测因子必须由用户自己创建与维护。在监测数据管理、评价、信息发布、统计、查询与报表和资料整汇编等系统涉及的几乎所有业务中,都关联并依赖于这些基础数据。这使本系统既能够区分并兼容不同的监测单位,同时又能够集成全流域各监测单位的监测成果、资料整汇编成果和基础数据,是实现基础数据可维护性的关键所在。

为了实现基础数据的可维护性,本系统采用了空系统和活结构的设计思想与实现方法。这种设计思想和实现方法贯穿整个系统设计与实现的所有细节,因内容太多,这里只举一例,即监测数据库活结构表的设计。

（1）监测数据管理的关键和难点。

由于不同的监测功能所监测的监测项目不同,就是同一监测功能在不同的时间,监测的项目也有变化。因此,对这些监测数据的管理就成为本系统设计的关键。原因是要建立的监测数据表不但能够包含所有的监测功能所监测项目的数据,而且要包括所有的监测功能在改变了监测项目后所监测的数据。当然,不可能每类监测功能都建立相关的监测数据表,就是建立这么多表也不能包括将来该类监测功能的监测项目变化后的监测数据。如何对监测数据表进行设计,对设计出来的数据表如何进行管理就是本系统建设的关键技术,也是实现本系统的难点。

（2）建立活结构的监测数据表。

所谓活结构的监测数据表,就是对所有监测功能所监测的数据（无论监测项目固定或变化）都设计一个监测数据表。该数据表的设计为监测站、监测功能、监测时间、监测数据单位、每个监测数据的注释等都设计一个字段。所有监测项目的监测数据则设计成三个字段,一个字段为监测项目的编码,一个字段为监测项目的监测数据,第三个字段为监测数据的标记。为了显示方便,还可以再加一个字段,该字段的内容为监测数据,而字段类型为字符型,主要是为了规范显示该监测数据。

这样,每次监测都包括哪些监测站,由该类监测功能对应的缺省监测站表决定,而一个监测站点每次监测的项目由该站的监测功能的缺省监测项目表来决定。这样设计监测数据表以后,该数据表就能够涵盖水质监测业务管理中的各种变化和要求的监测数据。

(3)对活结构监测数据表的管理。

由于监测数据表结构中监测项目是按行存放的,而所有的业务管理都是对监测数据按列进行管理。这样就需要表结构为行、实际应用为列的转换。另外,由于每种项目监测试验的数据的长度、显示格式都不尽一样,而在数据库中又是以一个字段进行存放,这样就出现了数据利用和数据显示格式的控制问题。

对于上面的两个问题,经过分析研究,提出了如下的解决方法:

①对数据表旋转90°进行操作。在对上面数据表的管理模块中,首先把当前的数据表旋转90°,然后进行其他操作。数据表旋转90°后,表面上,表中的行就变成了列,而表中的列就变成了行。如果原来表中有数据,就把原来表中的数据旋转90°进行显示。如果原来的表没有数据,就对新表进行相应的操作,例如录入数据。当录入数据结束存储时,就把数据旋90°后自动存储到系统的数据表中。

②数据的动态显示函数。每种监测项目的数据长度、显示格式都有一定的要求。所有项目共同的要求由监测规范规定,而每个项目单独的要求则存放在监测项目编码表中。系统根据规范要求和监测项目的单独要求编制一个动态显示函数。在对监测数据存储和显示的时候都调用这个函数,这样,存储的数据和对存储数据的显示都符合了实用情况。

(4)监测成果表的自动生成。

在监测成果录入时,对于不同的监测功能、监测时间和监测站点,其录入用的成果表是不一样的。这就要求系统能够自动生成监测成果表,以供监测数据录入时候使用。

本成果表形成的过程,本质上也是对该次监测的数据表监测数据记录形成的过程。首先用户指定监测功能、监测站点、监测时间和试验分析方法等。系统根据这些指定,先把有关数据(监测站点、监测时间、监测项目(由监测功能决定))填写到监测数据表的有关字段中,这时该数据表的记录数就固定了。根据数据表的记录数,对数据表旋转90°,然后利用编写的成果表形成模块,自动生成监测数据录入成果表的界面。

2)标准可维护性的实现

为了实现系统的通用性,在业务标准方面,监测数据质量控制标准和水质评价标准必须由用户自己创建与维护。在监测数据管理、评价等相关业务中,关联并依赖于这些业务标准。使本系统在业务标准方面兼容不同的监测单位,是实现标准可维护性的关键。

实现的具体方法是业务标准数据按区分监测单位创建与维护,并使业务数据始终与其关联,从而实现业务标准数据既能按监测单位个性化,又能够做到全流域的统一。

3)业务灵活性的实现

业务灵活性主要是指在监测数据管理、评价,信息发布,年度资料整汇编、统计、查询与报表等业务中,监测单位、监测功能、监测断面、监测因子、评价标准、代表值类别等都可以根据实际业务的需要进行灵活选择。

业务灵活性的实现与基础数据可维护性的实现类似,主要采用空系统与活结构的设计思想与实现方法。具体细节就不在此一一赘述。

3.6.2.4 监测业务自适应性的设计与实现

解决监测业务自适应性,一方面是为了满足实际业务的需要,另一方面是为了实现系统的通用性。在实现系统的通用性的同时,实际上也就实现了监测业务的自适应性。前面已经对系统通用性的使用方法进行了介绍,这里就不再重复。

3.6.2.5 动态报表的设计与实现

1)采用动态报表的原因

本系统的统计程序,对于统计结果输出格式的开发,采用固定式报表和动态报表两种格式进行输出。常用的统计报表就直接开发成用户要求的格式。不常用的统计,由于所统计的要求、内容不同,统计的结果也就千差万别。这样不可能对所有的情况都编制一套固定的报表,提供给用户使用。采用动态报表方法可以较好地满足用户的这一需求。

所谓动态报表(或称弹性报表),就是用户在统计输出自己需要的报表时,可自行灵活设置表头、表的列数据项和表的行数据项,系统能根据用户设置的格式输出统计报表。在本系统中动态报表主要是指用户能够任意选择年度、月份或旬、断面、项目的取值,可以任意排列它们的位置。位置不同,监测成果数据的聚合方式亦不同,聚合方式不同有利于从不同的角度对监测成果数据进行比较,可以任意改变行列的内容,这可以满足实现不同的表格样式。

2)动态报表的定义

系统实现的动态报表方法将引入类和实例的概念。如水质简报是一个类,而某年某月某日统计输出的包含若干站点的某些特征值的一张报表则是水质简报这个类的一个实例。也就是说,报表类是对报表内容和格式的定义,报表实例是在三维数据空间(行、列、时间序列)上截取的连续时间段内的一个行列可变的数据。

这种动态报表方法的好处在于:只需要为每一种报表定义一个类(为数不多,可以修改)并将其统计方案保存在服务器上为各级相关用户共享,用户输出某个类的报表时只需简单操作即可完成;另一个好处是保证每一种报表内容和形式上的一致性。其实现过程如下:

(1)报表定义。

报表定义主要是报表名称定义和表头定义。

报表名称定义是对统计报表起名,该报表名称是可变的,会根据在统计操作时指定的内容有所变化。例如,指定了某某河段,表名就可能为某某河段水质统计报表。

表头定义就是对统计报表的表头格式的定义。表头格式可定义为一层结构表头,也可定义为二层格式表头。在定义表头时要能够在定义的过程中勾画出所定义表头的结构轮廓,让用户参考是不是自己需要的样式。若不是则可以反复定义,直到符合要求。

(2)定义统计报表行索取的数据项及动态条件。

定义的数据项,就是指定提取数据的数据表名和数据表的列及提取该数据项的条件。所定义的数据项要和对应定义的表头一致,即定义什么样的表头,必须在该表头下面出现的数据,是所定义表头对应的数据。

数据项的定义还要给出提取该项数据时的一个可变化的条件。如时间区间、河段、监测站点、监测项目等。这些条件在进行统计时要求操作人员临时指定。系统将根据指定的条件从数据库中索取数据。

(3)对报表进行分页计算。

动态报表还有根据统计输出的报表数据行数进行分页计算,把输出的报表分成多少行,每页应注明的页数等。

3)动态报表的存储

上面的报表定义和计算只是动态报表定义操作的一个功能模块。本身并没有任何实际数据,在模块运行时就会发生数据的存储现象。

在定义了数据的各项要求后,系统可以根据定义的内容(表名、操作的数据表、数据表中的字段、索取数据的条件等)建立一个临时报表以存储这些内容。另外,在统计过程中还要提取有关数据,对提取的数据也要建立临时报表进行存储。

4)动态报表的输出

根据上节报表的存储可知,所要统计的报表在输出时无论表名、表头、统计的数据,都已经在自己临时建立的数据表中。按照先输出表头,后输出数据的方式就可以方便地输出要统计的报表。

5)动态报表的局限

由于本动态报表不是一个通用的统计报表,它是针对水资源管理所要管理的具体数据进行编写的,基本上也满足了当前水资源管理的需要。因此,它的用途只局限在本系统对水资源管理方面。另外,对于表头复杂、报表中间还要嵌套另一个报表的情况,本动态报表都不作处理。

3.6.2.6 智能化信息发布功能的设计与实现

1)通报的发布

水质旬报、月报、季报、年报、通报和公报的发布有两种形式,一种是打印成纸质的形式对外发布(原来是手工发布的形式),一种是通过网络进行发布。通过纸质的形式对外发布和通过网络发布的同一通报,其内容是一样的。要通过网络发布,必须把发布的通报制作成对外发布的形式——Web 网页。这样就提出另两个问题:一是如何简单方便地制作通报;二是如何把制作的通报自动放置到网络上形成水质公报网页。

2)通报的模板

从旬报、月报、季报、年报、通报和公报的内容可知这些报告包含的格式及内容方面基本类同。其区别有以下几点:

（1）通报表头名称、发布单位、发布的时间、发布年期数、总期数不同。

（2）发布的支流、河段、监测项目和支流水质状况不同。

（3）绘制的有关水质类别饼状比例图、超标河段占评价河段柱状比例图、河段水质状况分颜色显示图、有关站网分布图不同。

（4）采用的水质评价标准、计算的水质报表不同。

从上面的内容分析我们可以得出结论：通报的格式一样，通报的内容可分为静态不变的文字叙述内容和动态可变的相关数据和图表。因此，我们可以把通报理解为一个可填写内容的空表，静态不变的文字叙述内容为报表的横格和竖格，每次只要把动态可变的有关数据和图表填写到这些横格和竖格中即可。当然，在对空表填写了内容之后，可能出现原来的横格和竖格长度或宽度不够的情况。因此，在填写了动态可变的有关数据和图表后，还能够对填写好内容的整个通报进行人工编辑。

上面所说的空表，我们可定义为通报的模板。为了保持模板的一致性只采用一种形式——水质公报网页。

3）模板的更新

由于要求对模板可以编辑，所以初始模板的制作很容易，就把原来人工编写有关通报（电子板）作为系统通报的模板，然后根据需要填充的动态数据的要求，进行部分编辑调整。由于水资源管理的发展及水利部、环保总局不同时期的要求，发布的通报不会一成不变，可能会根据时期的不同有所不同。因此，我们对原来制作的模板要能够更新和变化。我们把刚开始制作的初始模板称为缺省模板，当发布一次通报后，如果中间没有间断发布，新发布的通报就以上一期的通报为基础自动生成。如果出现间断发布的情况，则对初始模板进行编辑，我们把这个被编辑过的模板保存，这个保存的模板就是下一次生成通报用的缺省模板。这样，模板也就"与时俱进"的进行了更新。

4)通报数据的存放和制作

模板数据是静态数据和动态数据的结合,这些数据存储在模板数据表中,包括模板的格式数据和文字描述数据。通报中的动态数据是在指定通报的发布单位、发布时间、发布年期数、总期数、发布的支流、河段、监测的时间区间、监测项目等内容后就能够从有关数据表中索取。在索取这些数据的同时,还能取出有关水质评价数据、评价用的标准等。利用获得的数据和数据库有关计算需要对应时期的数据和图形数据,可以进行对比,绘制水质类别饼状比例图、超标河段占评价河段柱状比例图、河段水质状况分颜色显示图、有关站网分布图等。系统把这些评价对比的数据和图形也都存放到相应的数据表中。然后,把通报所需要的模板数据也存储到该数据表中,这样这个数据表就具有了制作通报所需要的全部数据。在制作通报的时候,按照模板的格式把上面记录的数据显示出来,就成为一个崭新的通报。网页的编辑通过本系统提供的界面,自动调用网页编辑软件打开网页,用户可以使用网页编辑软件提供的各种功能对网页进行编辑,编辑好后即可通过系统提供的功能保存和上传网页。

5)水质公报网页的下载、编辑、发布和更新

按照前面的叙述,对外发布的网页通过数据库进行管理(在此特说明一点,本系统的网页上传和下载并没有采用常规的 ftp 机制,因为我们对网页的维护只是出于业务上的原因,如果采用 ftp 的方法,用户就需要了解较多的网页技术,从而带来许多使用上的不便)。用户在客户端对网页进行编辑后,通过本系统将编辑好的网页传到数据库服务器。网页的编辑通过本系统提供的界面,自动调用网页编辑软件打开网页(网页编辑软件可以根据个人的喜好进行设定),用户可以使用网页编辑软件提供的各种功能对网页进行编辑,编辑好后即可通过系统提供的功能保存和上传网

页。在 Web 服务器中,实时运行着本系统开发的一个服务程序,实现从数据库服务器下载最新的网页到 Web 服务器中的相关目录。通过这种机制可实现网页的编辑、自动更新与发布。

3.6.2.7 数据质量控制实现

根据用户业务逻辑处理的实际流程,监测数据录入功能实行权限控制,特定的用户只能进行特定的操作,具体包括以下几个环节:①制表;②初始录入;③校核录入;④复核确认。环环相扣,依次进行。首先,拥有制表权限的用户指定监测功能、监测时段、监测断面、监测项目、分析方法等。系统根据这些指定,先把有关数据填写到监测数据表的有关字段中,这时该数据表的记录数就固定了。根据数据表的记录数,对数据表旋转90°。然后,利用编写的成果表形成模块,就自动生成监测数据录入界面。制表环节完成之后,拥有初始录入权限的用户便可以录入数据。以上所有环节(校核录入、复核确认)完成后,监测成果数据就成为正式数据,进入正式监测成果表中。在成为正式数据之前,为保护用户的劳动成果,在各个环节都进行了数据的冗余处理。例如,当用户进行某一环节的处理时,发现前一个环节存在严重错误(如制表时,用户漏选了一些断面,而初始录入用户录入了一些数据后,发现了这个错误),通知制表用户删除错误的制表记录,重新制表并确认继承已经输入的监测成果数据。这样就有效地保护了用户的劳动成果,提高了系统的实用性。

3.6.2.8 整汇编数据异地互审的实现

本系统提供了将整汇编资料导出、导入的功能,由此可实现整汇编资料的异地互审。例如,甲单位可以将本单位的整汇编资料导出并传送给乙单位,乙单位可以将本单位的整汇编资料导出并传送给甲单位,在甲单位即可对乙单位的数据进行审核并作相应的记录,反之亦然。最后,所有的单位将数据传送至监管中心,监管中心导入所有的数据后即实现了整汇编资料的异地互审工作。

2.6.2.9　水质状况的可视化显示

　　为了能更直观地体现河流的水质状况,我们通过图形的方式来表现水质的好坏,即根据评价水质的类别让河流显示不同的颜色。要实现此效果主要有两种方法:其一,每次评价都根据评价结果,做出相应的河流水质图;其二,首先处理好河流的相关属性,然后根据具体评价的水质对河流颜色通过程序进行自动处理。第一种方法工作量太大,显然不适宜采用,我们采用了第二种处理方式。而第二种处理方式也并不是评价结果数据和地图的简单绑定,因为每次评价并不是对所有的河段都进行评价,而每次评价的河段也不尽相同。也就是说,我们如果对地图进行简单的数据绑定,在地图上只有评价的河段能准确体现其水质类别,而其他河段的颜色则没法确定其水质状况。而实际的业务是要根据已经评价的河段的水质,推断出相邻河段的水质情况,从而在地图上以不同颜色表示。

　　水质状况的可视化显示实现方法有以下两种:

　　(1)基于河流在地图上只能通过不同的线和面来表示,我们根据已有的监测断面对河流进行分段处理并根据上下游关系、所属监测断面及其他属性进行相应的编码。

　　(2)在水质评价时,根据已评价的断面所在的河段,以及断面所在河段和其他河段的上下游关系及其他对应关系,通过一定的计算产生和地图上河流一一对应的水质评价信息,并存入相应的数据库表。查看水质图形信息时,从表中提取相关水质类别信息并对地图河流进行处理即可。

3.6.2.10　打印报表调整的自动记忆

　　目前,大部分 MIS 系统的打印虽都是所见即所得的,但是在打印预览状态下,很少可以调整,特别是一些具有复杂表头的报表。对于我们的系统来讲,如果只停留在这种层面上,将很难适应工作的需要。因为我们的很多报表都是动态报表,所以要求报表能进行很灵活的调整。并且一次调整后,以后再打开同一类型报表时,以前调整的效果会自动记忆。这样,使用人员在使用本系统报表输出时,对同一类型的报表只需要调整一次即可。

打印报表调整的自动记忆的实现方法是根据我们采用的开发平台 PB 的特点,采用了列宽可以调整的报表类型(但是它不太适合复杂表头的情况),并对表头部分变通处理,在需要调整列宽时通过程序将表头调整到相应的位置和大小。在对报表调整后,程序自动保存当前报表的边距、列宽及其他参数到数据库中,从而实现上次报表调整后的效果继承。

3.6.2.11　超大报表折行或折页打印

系统中存在一些列较多的报表(如监测项目),即使采用办公中常用的最大纸张——A3 纸也难以打印下所有列。这就要求我们对报表进行折页处理。也就是说把一个报表的某些列分开打印在两张纸上,而一些固定的列(如监测断面、采样时间等)在两页纸上也要同时打印,从而保证每页报表格式的完整性。

另外,对一些行数较少,而列数较多的报表(如监测断面),为了节约纸张和报表的美观让一页打不完的列,在其下方重新打印当前的报表。

超大报表折行或折页打印的实现方法是对于自动折行的情况,可以根据需要首先设计出符合要求的报表,然后根据具体情况进行数据填充。但是,这样操作灵活性不大,不易操作。我们采用了另外的方式:报表还采用一个报表,只是根据纸张和用户的需要来指定需要在一页纸上打印监测项目的结束列或起始列,把报表分成左、右两个部分,分两次显示(第一次显示一页可以打下的监测项目,第二次显示剩余的监测项目)。当然,诸如表头、表尾及一些固定的项目(列)在两个报表中都显示,如用户对折行的效果不满意仍可以继续调整。一切操作都是在可视状态下进行的。

对于折行的情况,可以采用两个报表根据需要填充不同的列标题和数据,然后分开打印,这种方法在程序上实现较容易。但是对于两个报表的操作无法直接预览,要打在一张纸上用户很难控制格式,这种方式对使用人员来讲很不友好。因此,我们采用了另外一种解决方法——复合报表的方式,利用上下两个结构和数据完全相同的子报表来分开处理,只是根据用户需要打印的报表样式,对上下两个报表分开显示需要显示的列(如监测项目)。

第4章 数据存储与管理系统

4.1 体系结构

4.1.1 系统在"数字黄河"工程中的位置

数据存储与管理系统是"数字黄河"工程基础设施中的重要组成部分。其作为"数字黄河"工程基础设施中的组成部分,具有承上启下的作用。根据现代治理黄河工作流程和业务需求,对于数据采集系统采集到的数据,通过覆盖全河的宽带计算机网络快捷、实时地传输到数据存储与管理系统。各业务应用系统通过应用服务平台提供的数据共享和交换功能来提取和处理数据,进而完成各项业务应用的处理。

4.1.2 系统结构

4.1.2.1 体系结构

"数字黄河"工程数据存储与管理系统从体系结构上由数据中心、数据灾备中心和数据分中心等组成(如图4-1所示)。黄河数据中心为一级数据中心,是黄委数据共享和数据交换中心。各数据分中心为二级数据中心,主要面向本单位的相关业务应用系统。

对数据存储与管理系统的管理可以分为两个层次,即数据管理和数据存储管理。

1)数据管理

数据管理主要完成对数据的逻辑管理,包括数据库管理维护、

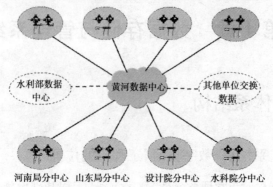

水文局分中心　水资源保护局分中心　上中游局分中心　数据灾备中心

水利部数据中心　－－－　黄河数据中心　－－－　其他单位交换数据

河南局分中心　山东局分中心　设计院分中心　水科院分中心

图 4-1　"数字黄河"工程数据存储与管理体系结构

用户权限管理、元数据管理、数据资源目录管理及数据交换和共享访问等功能,实现数据中心信息的获取、建库、存储与更新,并按照应用系统和应用服务平台建设需求,实现数据中心信息的整合与管理,提供数据交换和数据共享访问服务。

2)数据存储管理

数据存储管理主要是完成对数据存储平台的管理,对由数据中心和数据分中心等组成的数据存储体系进行统一管理,包括存储设备(SAN、磁带库等),数据库服务器及网络基础设施,提供底层平台,实现对数据的物理存储管理和安全管理。

在进行数据存储与管理的同时,通过应用服务平台底层的数据访问接口,实现数据中心与其他分中心的数据交换,为集成其他应用等提供支持。

在考虑数据网上的分布方案时,首先要保证数据的安全性和一致性,其次这个数据分布方案要能够满足数据的高效使用和全网信息共享的要求。根据黄委组织机构的设置及业务应用的特点,在黄委机关大楼设置黄河数据中心,在河南河务局、水文局、水资源保护局、山东河务局设置专业数据分中心。

4.1.2.2　与应用服务平台的接口

按照"数字黄河"工程规划的体系架构,数据服务主要包括基础数据服务和专业数据服务。其中,基础数据和部分专业数据(如实时水雨情数据、气象数据等)通过应用服务平台的公共数据服务来实现,是面向各个应用系统的,通过各种数据服务,达到全局数据共享的目的。面向应用系统的专业数据服务则通过相应的专业数据服务来实现。

数据访问方式主要有通过 ODBC、JDBC 等数据库接口直接访问数据库、通过应用服务平台的数据库中间件访问数据及通过元数据服务器的 SOAP 网关为用户提供对数据进行查询检索的方法或途径和与数据交换和传输有关信息。

4.1.2.3　**数据存储与管理系统建设的网络基础**

数据中心和河南河务局、水文局、水资源保护局等驻郑单位的数据分中心之间通过千兆光纤城域网络实现互联。

山东局数据分中心与数据中心之间通过基于 155 Mbps SDH 数字微波的宽带网络实现连通。

4.1.2.4　**系统及数据安全**

在存储网络系统中,能够对整个系统中主机和网络设备的用户信息与权限、系统运行日志进行集中采集管理,能提供统计分析功能。

系统安全在三层结构中,从浏览器到应用服务器之间数据传输的安全性由 Oracle 通过支持 SSL(安全套接协议)来保证,能够认证用户和服务器;加密数据,使被传送的数据隐藏;维护数据的完整性,确保数据在传输过程中不被改变。

数据安全主要靠 Oracle 提供的安全机制,对数据库中的数据进行加密、解密;提供访问控制机制,可以以单个用户为单位进行数据的访问控制并实现物理的数据隔离;在 DB 表或视图上附加一个或多个安全策略等。

4.1.3 数据中心

黄河数据中心是面向委机关各业务应用部门,并为全河提供数据服务的一级数据中心。其主要功能是提供数据资源的存储管理和共享访问服务。在数据存储管理方面,提供海量的数据存储与管理功能,在满足委内需要的同时,还可以提供数据代管、托管的功能,为其他委属单位提供高性能的数据存储空间及管理服务,并负责数据的安全性。同时,数据中心通过建立全河的数据交换访问机制,与分布在各级数据分中心的数据之间实现互联互通,提供面向全河的统一的数据共享访问服务功能。

建立各种数据备份系统,提供数据备份和快速恢复的功能,充分保障数据的安全。在系统遭到破坏的情况下,首先利用本地备份对数据中心进行恢复。

黄河数据中心的建设地点在黄委办公大楼,同综合决策、防汛指挥、电子政务等重要应用系统(应用服务器)位于同一局域网中,光纤千兆网络保证足够的网络带宽。

黄河数据中心的主要职能是:

(1)负责黄河数据中心数据存储平台的建设管理与运行维护;

(2)组织各应用系统公共数据的整合、交换、存储及信息源开发;

(3)承担有关数据库的建库、存储管理、数据处理、数据备份、数据存档和数据服务等工作;

(4)负责提供决策支持系统及相关部门数据服务;

(5)负责为各分中心提供关键数据备份服务;

(6)负责为委各部门和有关单位提供数据库的存储、代管及托管服务;

（7）协助有关部门完成向上级水利部门上报有关数据或同委外相关单位交流数据；

（8）提供其他相关各种数据服务；

（9）承担或参加有关基础数据标准的制定；

（10）负责制定数据备份方案。

4.1.4　数据分中心

本次设计的数据分中心包括河南河务局数据分中心、水文局数据分中心和水资源保护局数据分中心。

数据分中心为二级数据中心，主要功能是对自身业务需要的数据进行更新、维护和备份，同时也可为其辖属单位提供数据存储的代管及托管服务功能。根据数据规模和数据使用情况选择适当的数据库系统及本地或异地备份方案。

各数据分中心按业务内容分别建立相应的专业数据库，对相关专业数据进行加工处理和管理，为本专业的各种应用和管理功能提供完整的、一致的数据服务，并按照各自的职责为数据中心提交所必需的基本数据和成果数据。

数据分中心的主要职能为：

（1）负责数据分中心数据存储平台的建设管理与运行维护。

（2）承担有关数据库的建库、存储管理、数据处理、数据备份、数据存档和数据服务等工作。

（3）负责为在本单位运行的应用系统提供数据服务。

（4）负责为下属单位提供数据库的存储、代管及托管服务。

（5）按照黄委有关业务部门（应用）的要求，完成向黄河数据中心提交有关数据，并负责其更新和维护。

（6）灾难性事故发生时，按规定要求快速启动本地数据备份系统；在本地备份系统启动失败的情况下，运用黄河数据中心的备份系统恢复本地系统的正常运行。

4.1.5 数据库物理分布

数据库的物理分布要结合应用系统建设、数据分类结果及数据维护特点来进行,原则上按照数据中心和数据分中心的设置,同类数据尽量集中,并根据应用系统的运行要求保持适当的数据冗余存储。数据服务对象、存储位置及责任单位见表4-1。

表4-1　数据库分布情况

数据库名称		存储位置	责任单位
基础数据库	黄河水文数据库	水文局数据分中心 黄河数据中心(镜像)	水文局
	流域基础地理信息数据库	设计院数据分中心 黄河数据中心	设计院
	遥感影像数据库	黄河数据中心	信息中心
	黄河防洪工程基础数据库	黄河数据中心	建管局
	黄河经济社会数据库	黄河数据中心	信息中心
	黄河下游水库河道断面数据库	水文局数据分中心 黄河数据中心(部分)	水文局
专业数据库	实时水雨情数据库	水文局数据分中心 黄河数据中心(镜像)	水文局
	气象数据库	水文局数据分中心 黄河数据中心(部分)	水文局
	实时险情、工情数据库	河南/山东数据分中心 黄河数据中心	河南局 山东局
	水质数据库	水资源局数据分中心 黄河数据中心(部分)	水资源保护局
	元数据库	黄河数据中心 各数据分中心	各数据中心

4.1.6 数据共享和网络数据访问机制

数据交换和共享访问平台是由数据中心和数据分中心相应的软件系统构成的。通过建立元数据管理平台,建立依托基础数据库和专用数据库数据的各级元数据数据库,开发相应的基于元数据的数据管理、数据服务、数据共享及数据访问等软件系统,建立黄河数据交换和共享访问平台,实现网络数据交换和共享访问。

数据中心及各级数据分中心的数据集原则上保持适当冗余,它们通过数据管理与共享交换平台以统一的共享访问机制为各级应用提供数据服务。黄河数据中心主要为委机关防汛减灾、工程建设与管理、综合决策等应用提供服务,数据分中心主要为本单位及其下属单位的生产运行提供数据存储与管理,同时提供相应的数据服务。各数据分中心原则上不发生横向联系,如需要其他分中心的数据,可以通过数据管理与共享交换平台获取。

各数据分中心所在单位及其下属机构,其数据访问一般首先访问其各自的分中心,如果物理数据在该分中心则直接访问,若不在该分中心则访问黄河数据中心;其他单位所有数据访问,应首先访问黄河数据中心,如果物理数据在该中心则直接访问,若不在该中心,则通过数据索引(数据字典或元数据)方式来找到所需数据。

4.1.6.1 直接访问方式

数据直接访问主要针对本地数据库,或者上下级系统之间的经常性的数据上报或数据下传。通过数据库管理平台提供的ODBC、JDBC等数据库接口,直接访问数据库,这种方式一般适用于关系型数据库,用以访问结构化数据。

4.1.6.2 通过应用服务平台的数据访问接口

已有和将要建立的各种数据库系统通常是异构、异地的系统,运行于不同的硬件、操作系统及数据库管理系统上。为了达到数据共享和统一管理,必须对数据的存储接口标准化,对数据的调用过程标准化,实现信息的整合与管理。对于异构的、分布的数据库的访问,通过应用服务平台提供的公用信息服务中间件,统一接受各应用系统的数据访问请求,减少整个系统中的数据接口数量,为实现异构数据集成、应用集成和 Web 服务集成提供解决方案。

4.1.6.3 通过元数据服务器

元数据是关于数据的数据,元数据为各种形态的数字化信息单元和资源集合提供规范、普遍的描述方法和检索工具及数据互操作协议,是数据交换和共享访问的重要前提。通过建立各级元数据库可以帮助数据中心和各数据分中心有效地管理和维护空间数据,建立数据文档,保证数据管理的延续性;提供有关数据生产单位数据存储、数据分类、数据内容、数据质量及数据应用情况等方面的信息;为用户提供通过网络对数据进行查询检索的方法或途径及与数据交换和传输有关的信息。这种访问方式主要适用于海量的空间地理信息数据的共享访问。

4.2　数据存储平台

4.2.1　存储平台总体框架

根据黄委数据资源调查情况,综合分析应用系统及用户的现状和需求,依据现今存储技术的调研,本着保护投资、先进实用的原则决定,黄河数据中心在前期建设的基础上,使用容量高、性能好的企业级的存储设备来对数据进行适度的集中。这样一来,数据集中管理简便了很多,对存储设备的使用也节约了很多。黄河数据中心使用 SAN 结构,通过光纤交换机用多条冗余的光纤链路将服务器和存储设备相连。另外,对前期备份系统进行改造,仍然利用磁带库进行数据的备份工作,通过把数据备份到大容量的磁带上,可以在发生意外的情况下(如磁盘阵列故障)对系统进行恢复。使用备份软件来对磁带库进行有效管理,并制定合理的备份策略来实现高效的备份,从而实现高性能的数据存取和安全备份,满足大规模用户并发性数据读写的要求,保障黄河防汛调度指挥体系的安全运转。

对于各数据分中心,数据量(TB 级)及用户数量比较大,同样使用 SAN 的高可用性、高扩展性方案,各分中心的任务是处理各自的数据。它们对存储服务器等设备的选择与黄河数据中心有所不同。

4.2.2 数据的备份与恢复

4.2.2.1 数据备份策略

根据各应用的数据量大小、数据重要性级别等实际情况来制定数据的备份方式。采用的最主要的备份策略分为完全备份和增量备份两种方式。

完全备份策略:每天对系统数据进行完全备份;

增量备份策略:每天只对系统更新或改动的数据进行备份。

制定备份策略原则上对数据量小且比较重要的数据采取每天完全备份的策略;对数据量较大且重要的数据采用每周两次或每周一次完全备份,每天作增量备份的策略;而对于数据量大,发生灾难时对黄河防汛影响不大的数据采取每月增量备份,一年两次完全备份的策略;原则上对重要的数据和重要的文件系统采取每天完全备份的策略。

(1)数据库完全备份:一周做一次,覆盖上次完全备份的数据。

(2)数据库增量备份:每晚执行,根据不同数据要求的保存时间来设置存储介质。

(3)文件完全备份:将主机系统和其他服务器的数据做完全

备份,选择在周末自动进行。

(4)系统备份:由各应用及数据库系统管理员自行安排时间备份,一般每月备份一次,系统配置改变时备份一次。

结合以上策略,从冗余备份的角度考虑,制订数据分组和存储介质对应策略,将数据分门别类地放在不同编号(电子标签)组的存储介质上,并设定不同的存取权限。

具体需建立以下类别的介质组:

(1)数据库介质:专门存放数据库信息;

(2)文件介质:存放除数据库以外的文件;

(3)关键数据:由于某些数据或图像需要保存周期较长且回访次数较多,建立专门的介质保存;

(4)数据库日志和系统日志介质:安全稽核和系统恢复的重要数据记录须较长时间保存,由安全管理员单独建立管理,形成与主机系统管理人员分离的运行数据记录;

(5)系统介质:备份系统和系统配置的变化,做到快速恢复系统。

4.2.2.2 数据备份工作过程

数据备份工作在数据备份服务器上完成,根据事先制定好的备份策略,定时自动启动不同的备份任务,当认为某一时间段的数据比较重要,需要备份时,可人工启动备份任务,增加备份次数。

自动备份进程由备份服务器按照已定策略发动,每天晚上,备份服务器按照事先制订的时间表所要求的内容,进行增量或完全的备份。由于每天的备份任务被适当地均衡,峰值备份数据量在周六和周日发生。配合数据库在线备份功能,按网络带宽为 1 000 Mbps 计算,备份速度按平均 12 MB/s 左右计算,备份 100 GB 的数据按两个磁带驱动器计算约为 1 h。

系统备份在主机端发起,由主机系统管理员启动系统备份进程,自动将系统配置等信息生成引导程序,然后制作成引导 CD。

其他文件的自由备份。进入客户端软件交互菜单,选择要求备份的文件后备份。

4.2.2.3 数据恢复

数据备份的最主要目的就是一旦发生灾难,可以迅速将生产数据进行恢复,使停机时间最短、数据损失最少。数据恢复工作必须在客户端或存储节点实施。灾难发生的严重程度决定了数据恢复的方式和需要时间。恢复策略的制定应本着迅速、快捷、损失最小、涉及面最小的原则。

1)数据恢复过程

当主机系统正常,数据出现灾难(丢失、损坏等)时,由主机系统管理员启动客户端恢复软件,选择所要恢复的数据范围和备份时间,自动从磁带介质上引导恢复。

当主机系统瘫痪时,由主机系统管理员利用事先制作的系统引导 CD,将系统自动引导恢复,然后自动启动客户端恢复软件,将磁带介质上的系统完全备份恢复到主机端,从而将系统完全恢复。

2)恢复时间

恢复时间取决于发生的日期、数据量的多少、磁带库的读取速率、网络的速率、灾难程度等因素。

4.2.3 主要性能指标

通过对现今存储技术的调研和黄委信息资源调查结果的分析,数据存储系统的建立应分阶段逐步实施,这是由应用的规模和存储系统的复杂性所决定的。在本次设计方案中,存储服务器容量的选择原则是:满足近两年黄河下游防洪信息系统建设数据存储容量发展的实际需求,能够方便地进行容量的扩充。

存储服务器以存储量达到可用存储空间的 90% 为满,由于一般情况 RAID5 的磁盘利用率为 75% ~80% 。

所以

$$存储服务器磁盘裸容量 = 数据量/0.75/0.9$$

因此,2004~2005 年黄河下游防洪信息系统建设各数据中心对数据存储容量需求估算如表 4-2 所示。

表 4-2　各数据中心对数据存储容量需求估算

单位/部门	2 年数据存储容量需求(TB)	存储服务器裸容量(TB)
黄河数据中心	1.6	2.3
河南局数据分中心	1.6	2.3
水文局数据分中心	1.2	1.8
水资源保护局数据分中心	1.7	2.5

4.2.4　黄河数据中心存储平台

4.2.4.1　存储系统拓扑结构

根据需求,系统由新增 1 台具备存储虚拟化功能的高端磁盘阵列、新增 2 台光纤交换机、新增 1 台备份磁盘阵列和 1 台异地备份服务器等组成。系统基于 SAN 架构、数据库服务器、应用服务器、备份服务器通过 4 GB/s 光纤接口连接光纤交换机,并通过光纤交换机连接到磁盘阵列,共享磁盘阵列上的磁盘空间资源,该磁盘阵列支持 RAID5、RAID1/0 和 RAID6 等数据保护技术。2 台光纤交换机既能保证链路冗余又能实现负载均衡功能,所有数据的备份都通过备份服务器上定制的备份策略分层次备份到备份磁盘阵列。系统拓扑结构如图 4-2 所示。

4.2.4.2　备份系统结构

黄委信息中心已经建有基于磁带的备份系统。随着业务数据的不断增加,磁带备份的时间窗口已经逐渐成为关注的焦点,而且基于磁带的数据恢复效能较差,不利于快速恢复业务。

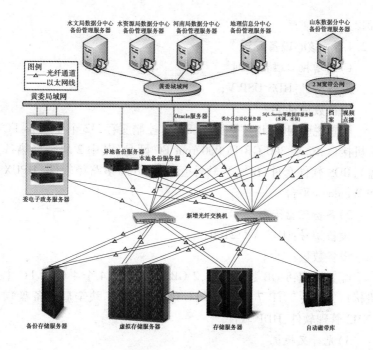

图 4-2　数据中心存储系统拓扑结构

说明：上图仅为部署示意图，其中端口等参数均非量指，只起示意作用。

本次建设的备份系统充分考虑了黄委信息中心和四个数据分中心的数据备份。每个数据中心都建立自己的备份系统，自己管理和控制需要备份的数据资源。同时，四个数据分中心还可以有选择地把关键数据备份到黄委数据中心。分中心采用 D2D 或 D2T 的备份，D2D 的方式可以缩短备份窗口和故障恢复时间。黄委数据中心同样采用基于磁盘的 D2D2T 技术。数据首先备份到磁盘备份设备中专门针对黄委数据中心的分区中，然后择机复制到后端的磁带库。在黄委数据中心的磁盘备份设备上，同时部署了四个分中心的备份分区。通过部署在黄委数据中心的远程备份管理服务器上的四个分中心的备份远程代理，实现分中心数据的远程备份和恢复。

4.2.4.3　核心设备配置

1)新增核心磁盘阵列

设备型号:HDS USP V;

设备数量:1 台;

配置说明:40 GB 数据缓存,8 GB 控制缓存,32 个 4 Gbps FC 主机接口,62 块 300 GB 15 000 rpm FC 硬盘(其中 2 块全局热备盘),BOS 软件套件,BOS V 软件套件,HDLM 多路径软件(HPUX 和 Windows 平台)。

2)备份磁盘阵列

设备型号:HDS AMS2100;

设备数量:1 台;

配置说明:8 GB 数据缓存,2 GB 控制缓存,4 个 4 Gbps FC 主机接口,15 块 2 TB 7 200 rpm FC 硬盘(其中 1 块全局热备盘),SNM2 管理软件,HDP 软件。

3)光纤交换机

设备型号:Cisco MDS9134;

设备数量:2 台;

配置说明:32 个 4 Gbps FC 短波多模接口,冗余电源。

4)备份管理软件

黄委信息中心备份管理软件见表4-3。

表4-3　黄委信息中心备份管理软件

序号	节点名称	机器型号	操作系统	节点数	数据库平台
1	本地备份服务器	HP DL580	Windows 2000	1	
	备份服务器模块		Windows	1	
2	异地备份管理服务器		Windows	1	
	介质管理服务器模块		Windows	4	

序号	节点名称	机器型号	操作系统	节点数	数据库平台
3	Oracle 数据库服务器（集群）	HP RX7620	HP Unix	2	Oracle
	介质管理服务器模块		HP Unix	2	
	Oracle RAC 数据库代理模块		HP Unix	1	
	Cluster 代理模块		HP Unix	1	
4	OA 综合办公,短信等（集群）	HP DL580	Windows 2003	2	
	文件系统代理模块		Windows	2	
5	OA 邮件视频服务器等	HP DL580	Windows 2003	1	
	文件系统代理模块		Windows	1	
6	委办公自动化(主)	HP DL580	Windows 2003	1	Lotus
	Lotus 代理模块		Windows	1	
7	委办公自动化(冷备)	HP	Windows 2000	1	Lotus
	Lotus 代理模块		Windows	1	
8	Web 服务器,电子政务平台(集群)	HP DL580	Windows 2003	2	
	文件系统代理模块		Windows	2	
	Cluster 代理模块		Windows	1	
9	水量调度	Compaq ML530	Windows 2000	1	SQL Server
	文件系统代理模块		Windows	1	
	SQL 数据库代理模块		Windows	1	

序号	节点名称	机器型号	操作系统	节点数	数据库平台
10	档案管理	Compaq ML530	Windows 2000	1	
	文件系统代理模块		Windows	1	
11	视频点播	HP ML530	Windows 2003	1	
	文件系统代理模块		Windows	1	

黄委河南局备份管理软件见表 4-4。

表 4-4　黄委河南局备份管理软件

序号	项目	机器型号	操作系统	数据库平台	单位	数量
1	备份服务器主模块		Windows		套	1
	备份服务器模块		Windows			1
2	客户端模块		Windows		套	10
	文件系统代理模块		Windows			10
3	Oracle 数据库备份模块		Windows		套	1
	介质管理服务器模块		Windows	Oracle		2
	Oracle 数据库代理模块		Windows			1
4	SQL Server 数据库备份模块		Windows	SQL Server	套	1
	SQL 数据库代理模块		Windows			1

黄委水资源局备份管理软件见表4-5。

表4-5　黄委水资源局备份管理软件

序号	项目	机器型号	操作系统	数据库平台	单位	数量
1	备份服务器主模块	参照 IBM X 系列	Windows		套	1
	备份服务器模块		Windows			1
2	客户端模块	参照 IBM X 系列	Windows		套	6
	文件系统代理模块		Windows			6
3	客户端模块	参照 IBM 小型机	Unix		套	2
	介质管理服务器模块		AIX			2
4	Oracle 数据库备份模块		Unix	Oracle	套	1
	Oracle 数据库代理模块		Unix(AIX)			1
5	SQL Server 数据库备份模块		Windows	SQL Server	套	1
	SQL 数据库代理模块		Windows			1
6	集群备份模块	参照 IBM 小型机	Unix		套	1
	AIX Cluster 模块		Unix(AIX)			1

黄委水文局备份管理软件见表4-6。

表 4-6　黄委水文局备份管理软件

序号	项目	机器型号	操作系统	数据库平台	单位	数量
1	备份服务器主模块		Windows		套	1
	备份服务器模块		Windows			1
2	客户端模块		Windows		套	6
	文件系统代理模块		Windows			6
3	客户端模块		Unix		套	1
	介质管理服务器模块		Unix（AIX）			2
4	Oracle 数据库备份模块		IBM AIX	Oracle	套	1
	Oracle 数据库代理模块		Unix（AIX）			1
5	SQL Server 数据库备份模块		Windows		套	1
	SQL 数据库代理模块		Windows			1
6	Lotus 数据库备份模块		Windows		套	1
	Lotus 代理模块		Windows			1
7	集群备份模块		Unix		套	1
	AIX Cluster 模块		Unix（AIX）			1

　　黄委设计院的备份系统,是在黄委数据中心部署一个远程介质代理,负责把数据备份到黄委数据中心的备份介质。该需求已经在黄委数据中心备份系统的配置中体现。

4.2.5 数据分中心存储平台

河南局、水文局、水资源保护局数据分中心存储平台建设是黄河下游近期防洪非工程措施建设数据存储平台和数据交换与共享服务平台建设的一部分。主要内容包括配置磁盘阵列、光纤交换机、备份服务器等。项目完成后,初步建立数据分中心的数据存储平台和备份管理体系,形成能够为黄河防洪业务服务的比较完善和高效的分布式数据存储和管理体系,满足各委属局应用系统建设和运行的需要,为数据安全提供基础支撑。

三个数据分中心建设方案相似,分别建设在各单位机关。

4.2.5.1 核心存储系统

作为集中存储系统的基础,也是在线数据存储的最终介质,高性能存储系统磁盘存储系统的规划和管理显得尤为重要。在这里分几个方面加以阐述。

1)容量计算

根据需求分析,所需可用容量为 2 TB。采用成熟的 300 GB、15 Krpm 高性能硬盘,按照 RAID 0 + 1 部署,这样可以在核心存储内部保证数据的可靠性。在防止单盘故障的同时,能够提供最高限度的磁盘访问性能。具体规划为:采用 15 块相同容量的硬盘,其中 1 块热备盘,剩余 14 块硬盘采用 7 D + 7 D 的方式部署。RAID 后容量为 7 D × 300 GB = 2.1 TB。300 GB 的实际可用容量为 287.62 GB(Base10),因此实际可用容量为 7 D × 287.62 GB = 2 013.34 GB。满足未来 2 年的应用需求。

2)磁盘 RAID 组划分

存储系统之所以能够提供安全、可靠的存储环境,RAID 技术的使用是一个非常重要的原因。在磁盘存储系统中,支持的 RAID 保护方式有 RAID 0、RAID 0 + 1、RAID 5 和 RAID 6,这些 RAID 的保护方式具有不同的特点,根据现有应用的实际需求,在并发性能和重建时间两者之间找出一个平衡点,本方案采用1个 RAID 0 + 1(7 D + 7 D)的数据保护方式,最后一块盘作为热备盘,这样的配置既保证了 RAID 的性能又能够有效降低 RAID 组重建的时间。

高性能存储系统磁盘存储系统中共配置 15 块硬盘,按 RAID 0 + 1(7 D + 7 D)的配置方式,每个 RAID 组中有 14 块硬盘,则高性能存储系统磁盘存储系统中分为 1 个 RAID 0 + 1 的组、1 块热备盘。

3)磁盘 LUN 划分

在创建 RAID 组后,接下来就要作 LUN 的划分。LUN 就是建立在 RAID 组之上的逻辑卷,实际上是将 RAID 组再进行条带化分解,便于主机的识别与应用。在本方案中,根据河南局各个数据库的不同大小,可划分出不同大小的 LUN。

从服务器角度看到的 LUN,在存储上称为 LU(逻辑设备)。每个 LU 实际上分布在一个 RAID 组内所有的硬盘上。例如,一个占用 100 GB 空间的 LU 实际上分布在一个 RAID 组的 7 块硬盘上(另 7 块盘镜像),每个硬盘上有 14.3 GB 的数据。这种设计可以使顺序 IO 得到并行处理,而随机 IO 得到较好的分布,避免资源争用。

为了加强对系统资源争用的分散负载效果和并行处理顺序 IO,存储实际上对 LU 进行了条带化处理。它把 LU 按 512 K 分成了数据单位,而且这些数据单位顺序的分布在 RAID 组的多块硬盘上。因此,为读取 1 MB 的数据,会有两个 512 K 的数据同时从两个硬盘中读出来,而不是 1 MB 的数据都从一个硬盘上读出。

配置 1 个(7 D + 7 D)的 RAID 组,在 RAID 组上划分 LUN 供各服务器应用。

在 RAID 组中,RAID 后容量为 2.1 TB,考虑到格式化等因素的容量损失,实际可用容量为 2 TB。将每个 RAID 组划分了 7 个 LU,即 LUN 0 ~ LUN 6,每个 LU 容量不同,指向不同的应用。

4) 光纤交换机管理

光纤交换机的管理相对存储系统,就简单一些,主要是划分 Zone 和对 Zone 的管理。光纤交换机的 Zone 设置范围越小越有利于应用之间的故障隔离。

(1) 应用 1 服务器与存储系统 0A 和 1A 端口单独形成一个 Zone,使应用 1 的数据库逻辑卷不能被其他任意节点访问,保证安全;

(2) 应用 2 服务器与存储系统 0B 和 1B 端口单独形成一个 Zone,使应用 2 的数据库逻辑卷不能被其他任意节点访问,保证安全;

(3) 以此类推……

5) 应用安全性设计

为保证应用系统的独立性,防止资源抢占导致的互相干扰,存储设计需要实现不同应用的逻辑隔离。主要在 SAN 交换机层面和存储设备层面实现。SAN 交换机针对不同的应用设置不同的 Zone 以实现逻辑隔离。存储系统在前端主机接口、缓存及磁盘三个层面实现隔离。为保证应用性能,前端接口与主机存储接口的配比原则是按照 1:1 的比例,这样可以实现物理上的隔离。缓存关系到存储系统的性能,要求在缓存层面实现针对不同应用的隔离,划分不同容量大小的缓存分区,同时可根据应用系统的类型的特点设置相应的缓存段尺寸,更加有效地利用缓存资源,提升系统性能。磁盘根据 WWN 绑定实现卷一级的逻辑隔离。

6) 备份系统设计

采用大容量 SATA 磁盘阵列作为近线备份介质。这样可以大幅度减少备份窗口,减少系统恢复时间。生产端数据为 2 TB 可用容量,按照保留至少两个全备份进行容量考虑(共 4 TB),再加上增量备份预留空间(为 3 ~ 4 TB),共需要 7 TB 可用容量。配置 15块 1 TB 7 200 rpm SATA 磁盘,其中 1 块热备盘,剩下 14 块按照 2

组 RAID 6(5 D + 2 P)进行部署,共计可以拥有 10 TB 裸容量。1TB SATA 硬盘的实际容量为 983. 69 GB(Base10),RAID 后实际可用容量为9. 8 TB,其中2 TB 用于容灾镜像卷,其余7. 8 TB 用于备份。

7)容灾系统设计

为保证快速恢复业务,提高应用系统的可靠性,在备份磁盘阵列中规划 2 TB 可用容量,与核心存储直接进行盘阵间的数据复制,复制采用异步方式(消除 SATA 磁盘访问性能对主存储的影响)。一旦核心存储系统故障,无需进行恢复数据的操作,只需将备份磁盘阵列定义为主磁盘阵列即可实现应用系统的快速恢复。

4.2.5.2 存储系统拓扑结构

河南局存储系统要求具有高可靠性、高数据读写性能。根据要求,河南局存储系统由高性能磁盘阵列、光纤交换机、备份磁盘阵列、备份服务器等组成。系统基于 SAN 架构,服务器通过 4 GB/s光纤接口分别连接 2 台光纤交换机,并通过光纤交换机连接到磁盘阵列,共享磁盘阵列上的磁盘空间资源,该磁盘阵列支持 RAID 5、RAID 1/0 和 RAID 6 等数据保护技术。2 台光纤交换机既能保证链路冗余又能实现负载均衡功能,所有数据的备份都通过备份服务器上定制的备份策略分层次备份到备份磁盘阵列。河南局数据存储系统拓扑结构如图 4-3 所示。

4.2.5.3 存储系统结构

1)主机层

每台主机安装 2 块或 1 块 HBA 卡,提供数据通道,通过安装数据通道管理软件,可以提供多通道之间的流量负载均衡,确保高性能的数据访问。

2)SAN 网络层

SAN 网络中,网络层是非常关键的一个部分,它负责将主机和存储系统连接在一起,并且提供一个高灵活性、高扩展性的环

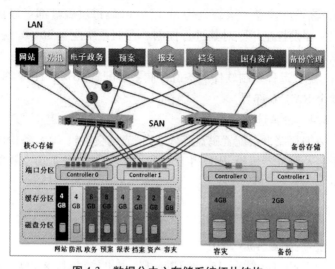

图 4-3   数据分中心存储系统拓扑结构

说明:上图仅为部署示意图,其中端口等参数均非量指,

只起示意作用。

境,以适应业务系统不断发展带来的主机和存储系统的扩展。

存储系统 SAN 网络设计中,采用冗余的网络设计,配置了 2
台光纤通道交换机,每一台配置了 24 个 4 Gbps 光纤端口,共 48
端口,为主机和存储系统提供冗余的连接路径,并为今后平台扩建
打下坚实基础。

3)存储层

硬盘阵列是整个 SAN 网络存储系统的核心设备,考虑到河南
局的现状及未来发展,本次配置 1 台支持远程复制的高性能核心
磁盘阵列系统和 1 台备份磁盘阵列。核心磁盘阵列用于日常支撑
核心业务系统的运行和数据访问,备份磁盘系统用于容灾数据复
制和近线备份设备。

核心存储系统配置 4.5 TB 裸容量,共配置 15 块 300 GB(15

krpm)高性能硬盘。该磁盘均为双活端口,每块磁盘都可以由两个控制器发控制指令对其进行控制。存储系统配置 36 GB 缓存,数据缓存按照应用系统进行缓存分区。光纤通道接口数大于等于 16 个,配置远程复制软件。备份存储系统配置 15 × 1 TB 磁盘,按照 2 个 RAID 6 部署。

4.2.5.4 设备选型及配置

数据存储平台配置磁盘阵列 2 台、光纤交换机 2 台、备份服务器 1 台及服务器机柜、HBA 卡、光纤线缆等,具体设备选型及配置如下。

1)核心磁盘阵列

数量:1 台;

型号:HDS AMS2500;

配置:36 GB 缓存、16 × 8 Gbps FC 主机接口、15 × 300 GB 15 krpm SAS 硬盘(RAID 5,含热备盘)、远程复制软件(TrueCopy),精简供应软件(HDP)、管理软件(SNM2)(含卷迁移软件),冗余电源风扇。

2)备份磁盘阵列

数量:1 台;

型号:HDS AMS2100;

配置:6 GB 缓存、4 × 8 Gbps FC 主机接口、15 × 1 TB 7 200 rpm SATA 硬盘(RAID 6,含热备盘)、远程复制软件(TrueCopy),精简供应软件(HDP)、管理软件(SNM2)(含卷迁移软件),冗余电源风扇。

3)光纤交换机

数量:2 台;

型号:HDS – Cisco MDS9124;

配置:24 × 4 Gbps FC 接口,冗余电源风扇。

4) 光纤线缆

48 × LC/LC 25 m 50 u 光纤线缆。

4.2.5.5 容灾备份系统

1）容灾系统的实现和使用方式

通过部署在同一机房内部的一台 AMS2100 磁盘阵列,实现基于本地 SAN 环境(光纤通道网络)的磁盘容灾。容灾基于异步的磁盘复制技术。这主要是考虑到同一机房异步容灾的 RPO 也约等于零,丢失数据极少。另一方面,异步的设计可以最大限度地保护生产盘阵,可释放生产盘阵的处理能力和性能,在实现容灾数据保护的同时,减少对生产应用的影响。

一旦生产盘阵发生故障(这里指的是重大的无法恢复的故障,因为生产盘阵也是采用的全冗余的高可靠系统,一般性的故障可自愈),所有业务系统可直接通过修改磁盘指向(指向备份磁盘阵列),快速重新启动业务。RTO(业务恢复时间)可达到分钟级(需要预先进行脚本设置,启动时间也与应用系统,包括数据库系统的启动时间有关)。整个过程无需数据恢复,能够非常快速地恢复应用系统的使用,最大限度地减少了业务系统停止的风险。

2）备份系统的实现和使用方式

为建立能够快速备份和恢复的高性能备份系统,本次项目采用基于磁盘的备份。通过备份软件,实现基于 LAN Free 和 LAN 相结合的备份。由于备份基于高速磁盘(相对于磁带),可以最大限度缩小备份窗口,恢复时间也可以得到大大的提高。

在以下两种情况下需要执行备份数据恢复:第一种情况是因为某些人为的误操作,如不小心对某个文件或者数据表进行了删除操作,这个时候需要备份系统有针对性地进行恢复;第二种情况是在生产数据和容灾数据完全毁坏,即没有可用数据的时候,这个时候需要进行全数据恢复。由于是基于磁盘的备份系统,所以恢复速度也很快。

4.3 数据管理和共享交换平台

数据交换及共享服务平台采用 B/S 运行方式,对各类数据库的访问都通过数据交换与共享服务平台来访问分布式的数据库,对平台中所开发的应用服务都部署在应用服务平台中进行维护与管理,所涉及的业务处理模块要按照 Java EE5 标准规范进行 EJB3.0 的开发,并部署在应用服务平台上。

在系统软件结构方面采用 MVC 架构模式。

程序使用 Myeclipse、Flex 等开发工具开发。这些工具都有可视化的开发界面与应用程序生成向导,并且提供了丰富的模板与控件,可以快速地开发出应用程序,这样可以提高开发效率、缩短开发周期、降低开发成本,同时还可提高工程质量。

4.3.1 总体结构

黄河数据交换及共享服务平台采用基于 Java EE 的三层架构进行开发,即展现层、运行支撑层和数据层。展现层为用户在界面上提供一个统一的服务功能入口,通过将内部和外部各种相对分散独立的服务组成一个统一的整体。该层通过应用生成的接口(包括应用、开发、部署三种方式)访问应用支撑层,应用生成是基于应用支撑层的应用系统开发方法集。开发和部署是使用应用支撑层的服务资源进行搭建应用系统。运行支撑层是数据交换及共享服务平台的软件技术支撑平台,是支撑展现层应用系统开发与运行的重要基础设施,也是应用、信息及资源共享的平台。为系统提供统一标准的开发运行环境,并为应用系统提供应用服务、数据共享资源服务及服务管理等功能。运行支撑层通过提供基于软件复用、数据共享与交换等先进技术的应用开发与运行支撑平台,在系统范围内实现应用和信息共享,形成可供复用的软件资源、信息资源等,最大限度地减少应用系统的重复开发。数据层位于整个系统的底层,为整个系统的正常运行提供数据资源支撑,由黄河数据中心和各分中心的基础数据库、专业数据库等组成。数据交换与共享服务平台组成如图4-4所示。为了实现数据资源共享,除在制度层面要制定数据存储及共享管理规定外,本项目从技术上还要制定数据资源共享技术标准。

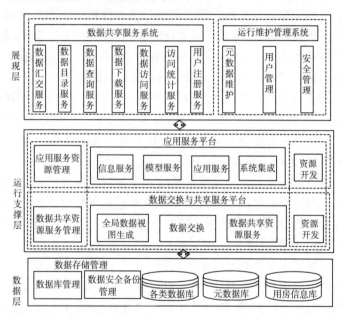

图4-4 数据交换与共享服务平台总体结构

4.3.2 系统组成

数据交换与共享服务平台由数据共享服务系统、数据交换服务平台、运行维护管理系统、元数据库及各种标准与规范等部分组成。

4.3.2.1　数据共享服务系统

数据共享服务系统是用户共享数据的操作界面与访问入口，为用户共享数据提供支持，主要功能包括数据汇交、数据目录、数据查询、数据下载、共享资源服务的查询与发布、访问统计和用户注册等 7 个方面。

4.3.2.2　数据交换服务平台

数据交换服务平台的建设范围是黄河数据中心和水文局、水资源保护局、基础地理信息三个分中心，采用先进技术组织手段和框架体系作为支撑，在全局数据视图生成的基础上，通过资源开发生成数据交换、数据服务，实现应用系统对数据的共享与访问。数据交换服务平台主要功能是资源管理、资源开发、全局数据视图、数据交换、数据共享资源服务等。数据交换服务平台为应用系统的建设提供具有数据共享与访问功能的开发和运行平台。

4.3.2.3　运行维护管理系统

运行维护管理系统是维护系统正常运行的保障措施，为管理人员管理系统提供技术手段。功能主要包括元数据维护、用户管理、用户信息库建设和数据访问安全管理等。

4.3.2.4　元数据库

元数据库提供对元数据的管理。它是在统一的标准下，在黄河数据中心建立元数据库，实现对遥感影像数据、黄河水文数据、黄河下游断面数据、黄河下游社会经济数据、防洪工程基础数据、水质数据、实时工情险情数据、气象信息数据和实时水雨情数据等数据统一存储和管理。

4.3.2.5　标准与规范

标准与规范体系编制，是为数据交换与共享服务平台建设提供标准规范的保障。是数据交换与共享服务平台实现信息共享的前提和先决条件。建设内容包括元数据标准、数据分类与编码规范、数据汇交管理规范、用户管理规范、数据分级与共享分类规范、共享资源服务接口规范、数据发布管理规范等方面。

数据交换与共享服务平台开发与建设系统、模块见表4-7。

表 4-7　数据交换与共享服务平台开发与建设系统、模块

系统	模块
元数据库建设	元数据库表结构设计、建库
	遥感影像元数据
	黄河水文元数据
	黄河下游河道断面元数据
	黄河下游社会经济元数据
	防洪工程基础数据元数据
	水质元数据
	实时工情险情元数据
	气象信息元数据
	实时水雨情元数据
标准与规范编制	元数据标准编制
	数据分类与编码规范编制
	数据服务接口规范编制
	数据存储与共享管理规定编制
	数据汇交管理规范编制
	用户管理规范编制
	数据分级与共享分类规范编制
	数据发布管理规范编制

系统	模块
数据共享服务系统开发	数据共享服务系统门户开发
	数据汇交服务功能开发
	数据目录服务功能开发
	数据查询服务功能开发
	共享资源服务功能开发
	数据下载服务功能开发
	用户管理服务功能开发
	访问统计服务功能开发
数据交换服务平台开发	数据交换服务平台搭建
	黄河数据中心全局数据视图生成
	数据交换服务组件开发
	综合信息服务系统数据访问服务示例开发
运行维护管理系统	用户信息库建设
	元数据编辑
	元数据审核
	用户授权
	用户审核
	数据访问安全管理

4.3.3　系统功能

4.3.3.1　数据共享服务系统

数据共享服务系统采用门户技术,是用户用来进行数据汇交、查询、下载、资源共享服务等操作的入口,它是以黄委局域网为依托的一个分布式的黄河数据信息资源网络共享服务系统。该系统以元数据技术为纽带,在元数据标准的扩展体系内整合离散的数据资源,为用户提供数据共享服务。按照信息共享原则,基于Web Service 与元数据互操作技术进行设计与开发。在基础数据库、专业数据库、元数据库的支持下,实现对数据的互操作和信息共享,从而为用户提供安全、开放、规范化的数据共享与服务。

首先对数据共享服务系统进行门户组件开发,以实现以下功能:

(1)提供一个单一的访问各种信息资源的入口,还提供许多附加功能,如安全性、搜索和协作。

(2)提供集成的内容和应用及统一的协作工作环境。

(3)通过应用集合向分布于各处的用户提供集成化、个性化的信息访问,为用户访问信息提供统一的入口。

1)系统总体功能

数据共享服务系统是数据交换与共享服务平台的用户交互的界面。它通过一系列规范化的服务功能(Web Service),形成一个统一的数据服务网。这一系列的功能服务涵盖数据共享的全部过程。包括元数据汇交服务、数据目录服务,数据查询服务、数据下载服务、共享资源服务、访问统计服务、用户注册服务等。所以,数据共享服务系统的设计应更多地考虑其可用性和信息的安全传输,其结构设计应该满足基本用户的需求,服务于各种用户,快速直观地提供用户所需要的信息。

(1)数据汇交服务功能。

数据汇交服务功能是建立在元数据的基础之上,把黄河数据中心和各个数据分中心的元数据信息按照一定的数据分类体系汇集到黄河数据中心的元数据库中。

(2)数据目录服务功能。

数据目录服务功能是利用元数据技术提供信息服务的一种模式,是对数据资源进行分类形成的有序组织,是一种以分类导航为主的检索工具。能够使用户方便地了解、获取感兴趣的数据资源的描述信息。

(3)数据查询服务功能。

该模块提供用户检索数据资源的元数据描述信息的功能。其检索结果以摘要元数据描述信息的显示模式进行显示,包括数据摘要、数据拥有者、数据大小、发布时间等信息。这样,用户可以通过相关的描述信息来了解该数据资源,并获取共享该数据资源的途径。

(4)数据下载服务功能。

该模块的功能是实现用户下载数据的需要。通过该模块,用户可以了解如何去下载数据、下载数据的流程是什么,用户如何进行数据下载的申请授权等。

在共享服务系统中,除那些免费使用的数据,用户并不能将所查询到的共享数据直接下载到本地,供用户共享使用。必须向数据拥有部门或管理人员进行申请授权,待审批后才能进行数据的下载。

(5)资源共享服务功能。

该模块主要提供的功能有两个,一是数据服务开发人员通过该功能进行数据服务的发布;二是帮助用户去查询该平台有哪些数据服务,并获取相关数据服务的描述信息,如服务的类型、功能、参数、接口等,以便使用这些服务。

(6)用户注册服务功能。

用户注册服务功能是用来完成用户注册的,并根据其提供的注册资料获取相应的权限级别。

(7)访问统计服务功能。

访问统计服务模块的功能,主要是供用户对共享数据资源的下载次数、数据服务访问频率、相关单位汇交元数据的数量等方面信息进行分门的统计，以便用户直观地了解相关信息，同时也为管理员进行相关的资源管理提供了管理的依据。

2) 系统功能设计

(1) 数据汇交服务。

数据汇交服务是整个数据共享服务系统的基础和核心，建立严格完备的数据汇交体系是确保数据共享服务可持续发展的关键。在进行数据汇交时，只有通过权限认证的合法用户，才能进行数据的汇交。

数据中心和各个数据分中心分别汇交其管理范围内的数据资源，在不改变数据原有知识产权所属关系和遵守有关保密制度的基础上，形成分级分类的数据集产品，把数据集的元数据描述信息通过数据汇交服务保存到黄河数据中心的元数据库中，提供数据共享服务。

数据汇交过程是以元数据为核心，元数据编辑器为模板，把元数据信息上载到黄河数据中心的元数据库中。汇交形式有两种，一是利用数据汇交服务功能在线填写元数据表单，二是离线汇交。

①元数据编辑器。

由于数据汇交服务功能中汇交的元数据内容包含的元素数量很大，元数据内容结构比较复杂，为便于用户编写自己的元数据文档，根据元数据标准，设计并开发了适用于元数据内容标准的编辑工具。使用这个编辑工具，元数据生产者可以比较方便地进行元数据编辑工作，并可以验证元数据的合法性。

元数据编辑界面是一个元数据编辑器，利用 XML Schema. 进行建模，可以协助数据生产者生成规范的元数据文档。对于用户提交的元数据内容，页面提供了元数据有效性查错机制，在对输入的元数据信息进行保存之前，检查必填字段是否为空，是否有相应提示。对于所有不合乎要求的字段都会给出提示，要求重新输入正确内容。

数据汇交服务功能对产生和录入的元数据实行严格的数据完整性与一致性检查等方面的元数据有效性检查,包括实体完整性、域完整性、参考完整性、用户定义的完整性和分布式数据管理的完整性等五个方面,以实现目录服务、搜索服务等的完整性。

②数据汇交的范围。

数据汇交的责任单位包括黄河数据中心和各个数据分中心(目前暂不包括基础地理信息中心),汇交的数据范围包括数据中心和各数据分中心的采集数据、原始数据、成果数据和其他的文档资料等的元数据,具体的数据汇交范围、种类在标准与规范中的数据汇交规范中有详细的规定。

③数据汇交方法。

数据汇交方法包括在线汇交和离线汇交。

在线汇交就是通过共享服务系统提供的数据汇交功能,在线提交元数据。在各数据分中心通过数据汇交将各自的元数据汇交到黄河数据中心。

数据汇交流程如下:

在进入汇交页面时,要通过访问控制服务检查当前用户是否具有数据汇交权限;权限检查通过后,用户根据数据类型,选择与其相对应的元数据编辑器,然后进入元数据录入界面,用户为待提交的数据填写必要的元数据信息;元数据填写完毕后,用户向数据汇交管理服务提交元数据,数据汇交管理服务对提交的数据进行有效性检查;数据汇交服务将元数据保存到元数据库中,并向用户反馈成功信息。

在以上执行过程中,如有错误发生,将向用户反馈错误信息,并中断处理。

个人或其他非数据分中心单位,自愿把自己的一些数据共享出去,通过离线的方式进行数据的汇交,即通过联系,然后以邮寄或到数据中心当面提交的方式提交数据实体、元数据及相关技术文档资料。数据中心验收后,进行数据的发布。

④数据汇交服务设计。

数据汇交服务实现了数据描述信息的集中管理和发布,利用元数据在数据生产者和使用者之间建立联系,大大提高了用户搜索数据的效率和所得数据的适用率。

对于数据汇交服务功能,提供以下方面的子功能:权限验证功能,用户提交过程中,通过中心服务器端验证该用户是否为共享网合法用户;校验功能,输入元数据内容是否合法需要在客户端校验,通过规定元数据项目的数据类型及每一个元数据组或者项目必须给出的属性,来检验输入内容的合法性;预览和修改功能,用户可以对自己输入的元数据信息进行修改,在录入结束时可以预览录入的元数据信息。

(2)数据目录服务。

数据目录服务是一种以分类导航的检索工具,一般是将各数据资源主题以主题树的形式组织起来,以动态分类的形式展现给用户,供用户选择、浏览。

数据资源调查是目录体系建设的基础性工作。要在对数据进行梳理的基础上,以数据交换与共享为目标,从数据资源提供者和使用者的角度出发,深入调查数据中心和各数据分中心所存储的各类数据资源及能提供的数据资源,全面掌握数据资源的现状与存在的问题,明确数据资源的共享内容、方式和责任,以及数据资源的数据、质量、指标、分布等情况,在此基础上,将分散的数据资源按照一定的分类标准,编目后形成物理上分散、逻辑上集中、可统一管理和服务的数据目录。

①相关标准与规范。

数据目录建设的相关标准与规范,为数据资源一致性和平台的互联互通互操作提供了基本的保证,应围绕数据分类、编码等环节建立规范和标准。

在标准与规范编制中的数据分类与编码规范中,规定数据的分类原则和方法,提供分类方案,为数据资源分类体系的建立和维护提供了依据。

②数据目录服务功能设计。

数据目录服务实现了共享数据资源的快速浏览、查询,使用户快速了解数据资源共享的一些信息。

对于数据目录服务功能,必须提供以下条件和功能:

a. 数据目录的导航及目录的描述信息的展示。

数据目录的导航以数据分类与编码等相关规范为依据,按照数据的分类,以数据类别逐级展开的方式层层展现。对于目录的信息描述,系统自动从元数据库抽取相关数据的核心元数据,以Web 的方式展现给用户。

b. 对数据目录的关键字查询,实现用户的快速定位。

其关键字查询主要实现以核心元数据为关键字的简查询和组合查询,以快速定位。

c. 支持数据目录的下载、打印。

用户可以下载数据目录,以供离线查询。

d. 提供对数据目录的添加、修改、删除等管理功能。

管理员实现对数据目录的管理。

e. 固定目录导航。

该模块提供给不同用户以不同方式生成不同的固定导航目录,进行目录的浏览、查询。

具有个性化定制的功能,以实现基于组织机构、日期、主题等进行数据目录定制,满足个性化需求。

f. 资源指引。

用户通过数据目录可以快速查询到所需求的数据资源,通过描述信息可以了解该数据资源的一些情况信息,包括资源的存放位置、获取方式等。

③数据目录建设。

用户通过数据共享服务系统的数据目录服务功能来实现数据目录的编目、注册、发布和管理。

数据目录采集及元数据描述信息的来源有两个渠道：一是黄河数据中心收集和整理的，二是其他数据分中心通过数据目录服务功能上传至黄河数据中心的。

通过目录体系建设，利用其提供的元数据描述和检索机制及数据资源分类与标识，使用者不仅能够了解每一个数据资源的内容、质量，而且可以准确定位和发现所需要的数据资源，并根据元数据中提供的获取方式，获得信息资源，实现信息资源共享，满足各种应用需要。

（3）数据查询服务。

数据查询服务是通过检索元数据库，返回用户相关数据资源的元数据描述信息。以帮助用户了解该数据资源和提供如何获取该数据资源的信息。为满足各种用户的不同需求，系统提供简单查询、复合查询和区域查询等多种查询方式。

①数据查询服务流程分析。

系统通过数据查询服务功能，根据用户的查询条件去检索黄河数据中心元数据库，然后把查询结果返回用户，而对数据本身的访问，则要通过元数据提供的链接信息，并依据数据的共享分类和用户的权限级别去访问其数据所在的物理数据库。

②数据查询服务功能设计。

在制定合适的查询策略前需要考虑用户的多样性，不同用户对于数据的理解程度不同，他们所需要的查询方法也会不一样，如更多的非专业人员喜欢采用模糊查询，即只是输入他们感兴趣的词语获取必要的信息；而对于一些比较专业的用户，他们可能更需要通过特定的查询条件和查询结果的构造来提取数据。另外，在查询的实现技术上,还必须考虑空间数据查询的效率问题。

考虑到查询的通用性和灵活性,系统提供了多种查询手段,主要有简单查询、高级查询和区域查询。

简单查询即用户可以输入检索关键词,如数据集名称、数据类型等关键词,实现数据的查询。当用户输入检索词后,系统提供用户对查询结果添加附加条件的功能,如查询结果包含全部检索词或包含任意一个检索词,排序方式是按相关度排序或日期等方式进行排序,也可以对每页显示的条数进行限制等。

用户可以输入相关的元数据描述信息作为检索条件,对数据进行查询。如按数据类型、联系人、单位等描述信息进行数据查询。

对于空间数据(如遥感影像数据),每幅影像数据在入库后,都存在一些关于该影像的描述信息,如卫星类型、轨道、经纬度、时间、分辨率、波段信息和范围等。用户可以使用这些元数据信息来查找特定影像数据。

快视图查询模块的功能主要是针对遥感影像数据进行设计的,如用户可以直接输入快视图号来查找原始影像,同时系统也支持模糊查找。

高级查询是为了缩小数据的查询范围,实现对查询的数据结果快速准确定位,提高查询效率,同时也为了满足不同用户的查询需要。

高级查询的检索条件由多个条件组成,用户可以通过高级查询界面提供的检索条件的构造工具,方便地组合不同数据查询复合条件组合形式。用户可以通过数据的检索项,如数据集名称、关键词、摘要、日期范围、数据提交人等全部包含或部分包含的某检索词,通过"并且"、"或者"等检索条件关联词来实现数据的高级查询,并且用户也可以通过对查询结果的相关度或发布日期、每页显示的查询结果记录数据等条件进行设置,实现对查询结果的不同显示方式进行页面设置。

　　用户在通过系统的安全管理后,根据相应的浏览权限,可以对数据信息系统的各种空间及水文、工程管理等结构化数据提供在线浏览。而对于地图、遥感影像等空间数据的在线浏览,为了减小网络传输的压力和加快传输的速度,提供快视图的数据在线浏览,来实现图形数据的显示功能。

　　区域查询的主要功能是提供多种查询方式对空间数据进行高效、快速的检索,并提供通用的数据浏览方式。区域查询提供栅格数据、矢量数据等多种数据格式的检索功能,并提供丰富灵活的数据检索方式,能满足不同用户的检索习惯。

　　区域查询也为用户提供常用的空间数据浏览操作功能,如放大、缩小、全图、漫游等。其主要包括交互式查询、截图表查询和坐标查询等。

　　交互式查询系统提供了一个多尺度、几何无缝的空间数据显示环境(如遥感影像数据),支持对海量影像数据进行浏览。在该环境中,用户可以单击或几何方式(拉框选择、多边形选择)来选择需要的空间数据。

　　截图表查询(输入或在图上选取)是对空间数据常用的一种查询方式。如用户可以直接输入截图表号来查找原始影像,系统也支持模糊查找。系统会显示相应的截图表,用户可以对它进行浏览查询,通过点击和几何查询(矩形查询、多边形查询)来获得感兴趣的数据。

　　坐标查询可以直接输入多个经纬度或大地坐标来查询数据资料,其结果是输入坐标落在相应范围内的所有数据资料。

　　(4)共享资源服务。

　　共享资源服务功能包括共享资源服务的发布、共享资源服务的查询。它为共享资源服务提供者、使用者提供了共享资源服务的窗口。它仅仅提供用户交互的界面,来完成各种共享资源服务发布和查询的请求,而不提供服务实现和服务调用。

①共享资源服务发布。

首先,根据共享资源服务功能提供的服务发布规则,准备服务注册所需要的基本信息。确定共享资源服务实现所需使用的信息描述(WSDL 文件)。

服务提供者是系统的授权用户,它的基本信息已预先保存在服务目录库中的用户信息表当中,因此只要在注册服务前进行登陆,就可以免除这部分信息的选择和录入。完整和准确地提供服务信息,可以帮助服务使用者很好地使用该服务,并能在服务调用时寻求技术帮助。

分类类目表通过下拉列表框的方式在功能交互界面上显示,待注册的共享资源服务可以添加到服务分类的多个子项当中。当服务提供者认为已有的分类不能满足服务特征描述时,可以向系统提交自己的分类说明,提交的新类可以是某个类别下的子项,也可以是单独的分类。

准备好基础信息后,使用共享资源服务发布界面进行注册发布。

打开系统的主页,注册用户可以选择登录,为服务设置分类和权限控制,并提交服务描述文档(WSDL 文件)的路径。用户提交信息后,系统调用注册功能模块,将信息加入到服务目录数据库。

共享资源服务发布的过程不仅包括数据表记录的添加,在服务提供者提交注册表单时,还需要对提交注册信息进行一定的有效性验证,如参数格式、服务 URL 的唯一性等。有效性验证能够帮助提高服务目录中信息的正确性。

对于共享资源服务发布功能,必须提供以下条件和功能:权限验证功能,检验用户是否具有发布服务的权限;对用户输入的发布信息具有自动校验功能,检查输入内容是否符合系统的要求;审核、管理功能,管理员具有对发布的共享资源服务审核、管理的功能;浏览功能,通过对服务器端的查询,把查询结果返回到客户端显示。

②共享资源服务查询。

共享资源服务查询是为了通过共享资源服务目录或输入检索条件查询到自己想要的服务和服务的调用信息。

共享资源服务查询分为两种检索方式:一种是服务的分类浏览模式,这种方式是系统对共享资源服务信息的主动式表达,它适用于用户需求模糊时对服务的检索;另一种是构造查询表达式的服务检索,需要用户正确和清晰地表达检索条件。

共享资源服务分类浏览模式的基础是共享资源服务目录的分类类目表。系统根据类目表在页面上创建服务分类导航树。用户可以从一个大类展开,然后在其中选择一些更为准确的信息并进行进一步的浏览。通过这样不断的层次下降,最后定位到所需要查找的服务信息。在用户选择了导航树的首个节点时,系统会根据这个节点内容自动构造查询表达式,在服务目录中进行服务信息检索。对于用户的进一步选择,系统也会根据选择节点再次构造查询条件进行信息检索,不同的是这次检索将在结果集内部而不是在整个服务目录中进行。

基于查询表达式的服务检索模式是最常用的信息检索方式。系统同样需要根据类目表中的服务分类,构造一定的下拉列表框或文本框,供用户选择和输入约束条件。系统根据用户输入的条件构造 SQL 查询语句,并进行服务检索。与分类浏览方式不同的是,在构造 SQL 语句前需要对用户输入参数进行有效性验证。

(5)数据下载服务。

数据下载服务主要为用户提供数据的下载服务功能。同时,也提供用户在线申请授权和下载离线申请授权表进行离线申请授权的功能。

对于公开的数据资源和在用户允许下载权限内的数据资源,

在共享服务系统中可以使用数据下载服务功能在线浏览或下载该数据资源;而对于目前受保护期限制而不公开的数据,即该数据资源到一定时间后才能进行下载,以及受用户权限限制,即用户的权限不够,不能访问或下载该数据,用户可以通过填写数据申请表向管理员或数据所在单位申请该数据。通过数据下载申请授权后,用户可以通过管理员或数据所在单位提供的下载方式在共享服务系统中直接下载。对于那些已通过授权而不能通过共享服务系统进行直接下载的,如该数据资源是离线共享资源服务,或该数据资源由于保密等其他原因不能在网上直接进行下载的,用户可直接向管理员或去数据所在管理单位进行拷贝或复制。

通过共享服务系统所查询到的数据资源,除公开的数据资源可直接下载和一部分符合登录用户下载权限的一部分数据资源外,其他的数据资源必须通过数据的下载申请,通过管理员或相关管理部门授权后,方可下载或离线复制。

数据的下载申请授权必须按照规定的流程申请授权。申请授权按申请方式可分为在线直接填写申请授权表和下载申请授权表进行离线填写申请授权表两种。不管是在线直接申请或下载申请授权表去申请,都要如实地填写申请授权表,数据下载的申请授权应依据不同部门对不同数据进行授权的原则。

在线直接填写申请授权表是按照共享服务系统中数据下载功能所提供的申请授权流程,根据流程中每一步所提示的信息进行操作,并填写相关信息,然后在线提交申请授权数据表格进行数据下载申请或下载已填写好的申请授权表经传真或其他方式进行申请授权,通过授权后,用户即可进行网上的直接数据下载或离线复制。

下载申请授权表进行申请授权是指用户登录后通过下载申请授权表,然后按要求填写相关信息而进行申请数据下载授权的方式。

数据下载提供 FTP、HTTP 2 种下载方式。通过数据查询与浏览,确定所需要的数据集(或子集)并通过申请授权后,则可实现数据的下载。在进行数据下载的过程中,还应当同时记录与用户、数据有关的信息,如用户名称、浏览器 IP 地址、下载时间、下载数据集名称、下载数据量等,以便于系统管理员对用户和数据进行监控。

(6)访问统计服务。

访问统计服务功能实现信息交换过程中对系统操作信息和各个节点交换的业务数据信息的记录和展现。如在线数据下载统计、各类数据汇交统计、注册用户统计、共享资源服务访问统计等。通过这些统计信息,一来可以帮助管理员进行辅助管理,同时也可以查询相关的统计信息,帮助用户和管理员了解各类信息的统计结果。统计结果的表现形式主要有柱状图、饼状图、折线图、表格等形式。

访问统计功能设计通过分析平台的日志信息,提供图形化统计、分析工具,根据业务需求产生统计分析图表,供业务和管理人员使用,如交换数据量、目录访问量、数据下载量和数据汇交数据量等相关类别的数据分析。

(7)用户注册服务。

①用户注册方法。用户注册可以分为在线注册和离线注册两种方法。

在线注册即用户可以通过共享服务系统,进行在线注册。用户首先同意相关的注册条款声明,然后填写个人相关的注册信息等来完成在线注册。具体注册过程为:用户打开用户注册页面,同意相关的注册条款声明,在共享服务系统上在线填写预注册登记表,提交并打印,并在预注册登记表上签名,并加盖单位公章,邮寄或传真至黄河数据中心;黄河数据中心审核用户填写的注册信息,审核通过后黄河数据中心发送相关的数据共享使用许可协议至联系人电子邮箱或寄至单位;用户申请单位按照确认信息将签好的数据共享使用许可协议以指定方式传至黄河数据中心;黄河数据中心将通过电子邮件或信函方式将会员密码、数据使用协议附件送至用户单位或个人;用户单位或个人以合法的用户名和密码登录数据共享服务系统就可获得相关的数据共享服务。

离线注册就是通过电话联系,然后以信函方式或到数据中心去办理相关手续而获得合法用户的资格。以离线方式申请注册需携带单位介绍信、个人有效证件及资料用途等证明材料,填写数据共享中用户预注册登记表,并签署数据使用的相关许可协议,经审查合格后,由工作人员提供会员用户范围内的共享资料服务,并核交资料复制和交付成本费。离线申请的共享资料服务为一次性服务。

②用户注册服务功能设计。

对于用户注册服务功能,必须提供以下条件和功能:支持用户在线注册和下载离线注册表的功能;对于在线注册的用户,对输入的注册信息具有自动校验功能,检查输入内容是否符合系统的要求;用户审核功能,对用户的注册进行审核;浏览功能,支持注册结果信息的显示,同时通过对注册用户的查询,把查询结果返回到客户端显示。

4.3.3.2 数据交换服务平台

数据交换服务平台采用集中式管理、分布式运行的工作模式,以面向服务体系结构(SOA)为框架,以服务总线技术(ESB)来进行搭建。在黄河数据中心安装平台管理控制软件,同时在数据分中心安装平台用于共享与交换的工具组件模块。系统能够提供跨平台的数据交换、共享服务集成,并且能够对数据交换、传输、共享应用等过程实现集中统一控制,监管和规范管理,并实现对服务的统一部署和管理。

数据交换服务平台对数据访问的支持,是在数据库层面进行的。数据交换服务平台采用 Web Services 技术进行组件的包装，将系统对数据的需求或数据的展示都看做一种服务，通过服务的请求和调用实现系统间的数据交换和共享，使不同部门的不同业务应用系统之间能够直接通过数据交换服务平台对异构的数据库进行连续、实时的数据访问，不需要应用系统间连接访问数据库就可以获取所需要的数据。

在进行数据服务平台开发之前，首先要对数据交换与共享服务平台进行搭建，搭建时，共用应用服务平台的软件、硬件环境，以实现两个平台的统一资源管理和统一的服务部署与管理环境，为数据交换服务平台的开发建设奠定基础。

1）全局视图生成

全局视图生成建设就是利用数据交换服务平台转换映射等工具在黄河数据中心的数据交换服务平台上，把黄河数据中心和数据分中心的数据库形成统一的数据标准形式，为黄委机关应用系统和其他访问黄河数据中心数据交换服务平台应用系统共享与交换黄河数据中心和分中心的数据库奠定基础。

（1）全局数据视图生成的步骤。

全局数据视图生成主要步骤包括确定数据源、数据分析和数据转换映射等。

①确定数据源。

根据业务系统的需求分析或数据实体要素本身的属性关系，理清各业务系统所涉及的业务流程、数据关联，确定数据源。

②数据分析。

数据分析就是在确定数据源的基础上，对全局数据视图生成所涉及的一些问题进行分析。

对于全局数据视图生成而言，由于它涉及多个数据源，所以在这些不同数据源中，必然存在不同的数据表中有相同的数据字段。或者说，在进行全局数据视图生成时，需要对来自不同数据源的不同数据表中的相同数据字段进行物理位置的唯一性进行判断和分析。

不同的数据源对数据的描述可能具有不同的结构和粒度,有时数据的属性含义也不一致,产生语义冲突等,所以具体采用哪些数据源中的结构,粒度和数据的属性含义、描述,应根据实际应用需求进行判断分析。

在进行全局数据视图生成时,对组成全局数据视图的物理数据表进行分析和确定。全局数据视图的生成,包括同一数据源中的数据表、数据字段的组合,不同数据源的数据表、数据字段的组合等情况,具体包含哪些全数据表、字段应根据实际应用需求进行数据分析来定。

③数据转换映射。

根据业务系统对数据需求分析,确定对不同数据源的数据表、字段进行抽取合并,通过数据转换映射,为数据服务的开发提供统一的全局数据视图。

2) 数据服务开发建设

数据服务就是利用平台所提供的资源开发、全局数据视图生成功能,在根据实际应用需求分析的基础上,把数据进行集成封装成组件,以服务的方式对外提供接口,并以标准的形式发布成服务。

在数据服务的开发过程中,除遵循服务可复用性、服务的松散耦合性、服务的可组合性、服务抽象底层逻辑性、服务的自治性、服务的无状态性及服务的可发现性等原则外,还要遵循实际应用系统的应用需求,根据这些应用系统的实际数据访问需求,如需要封装哪些数据表,暴露的具体数据接口类型、个数等,来开发相应的数据服务。

本期数据服务的开发建设,主要针对综合信息服务系统所涉及的部分数据服务进行设计、开发。综合信息服务系统涉及的数据服务主要有暴雨洪水预警预报信息服务、防洪防凌调度信息服务、组织指挥信息服务、工程管理信息服务、水资源保护信息服务和综合防汛信息服务等几个方面,而对于具体的数据服务开发,主要根据经费投资只开发其中部分数据服务。

数据服务的开发建设是一个长期、逐步完善的过程,是在各应用系统的数据服务逐步开发建设和部署的基础上逐步完善起来。而对于其中所涉及的有关遥感影像信息服务,开发遵循 OGC 规范,采用 ER Mapper IWS 平台进行设计、开发。

3)数据交换

考虑到目前实际应用的需要,安排开发数据交换组件,实现实时水雨情数据和部分水质数据的异地数据交换,实现不同部门数据库之间安全、可靠、稳定、高效的交换传递,代替现有数据库之间的异地镜像。

(1)功能设计。

数据交换具有以下功能:

①规则定义。数据交换规则包括了数据抽取规则和数据传输规则。其中,数据抽取规则就是定义如何定位数据源、数据目标并指定数据抽取的范围和条件,也即按规则实现对数据库的监听和读写操作;数据传输规则就是定义数据传输的周期、时间,也即可以灵活地定义数据交换的时间。

②数据库导出、导入和数据同步。按照规则的定义提供对数据库中数据的自动抽取和复制,保持数据库之间的数据同步。

4.3.3.3 运行维护管理系统

数据交换与共享服务平台是一项复杂的系统工程,必须加强系统运行维护管理,以保证其正常的运行。其建设内容包括元数据维护管理、用户管理和数据访问管理等。

其中,元数据维护管理包括元数据编辑和元数据审核两个子功能;用户管理包括用户信息修改、用户审核两个子功能模块。

（1）元数据维护管理。

①元数据编辑。元数据编辑功能为用户实现元数据录入、修改。其中，元数据的录入界面是按照元数据的标准而设计；元数据修改的功能包括元数据内容的修改、元数据记录的删除。

②元数据审核。元数据审核功能为系统管理员审核元数据而设计。元数据审核内容主要包括元数据内容录入的正确性等方面的内容。

（2）用户管理。

①用户信息修改。用户信息修改功能实现用户信息资料变更修改。

②用户审核。用户审核功能为管理员对注册用户的注册审请进行审核与批准。

（3）数据访问安全管理。数据访问安全管理功能是实现对用户和系统访问数据权限的管理。

在某些数据库资源中，可能存在数据表、表记录和表字段，由于具有敏感性或保密性而限制用户或系统的访问权限。因此，该功能模块实现将这些数据库资源的访问控制从整个数据库资源中分离出来而提供一种单独的访问控制机制，实现了字段级和记录级的访问控制。字段级访问控制是指某些字段对一些用户或系统具有访问限制，而对其他用户则没有这种限制。同样的，记录级访问控制实现了对特定数据库记录的访问控制，如一些用户或系统具有访问限制，而对其他用户或系统则没有限制。

4.3.4 关键技术实现

在系统实现过程中，选择适当的技术路线是保证系统顺利完成的关键。本系统技术路线的选择，主要采用 SOA 设计思想、服务总线＋组件的技术方法，基于数据驱动的总线集成模式，通过包容器组件集成技术，使得各应用系统之间能够以互操作的方式交换业务信息,解决信息服务多元化及系统之间的信息共享、一致性等问题。确保系统完成后能长期稳定、安全运行;确保技术具有先进性和创新性;确保系统具有良好的开发性和可扩充性,方便用户根据实际需要定制相应功能,实现系统与外界的紧密联系;确保系统具有操作简便、导向分明、过程标准的特点。

4.3.4.1　系统架构

系统架构采用以下技术要求:

(1)采用多层应用体系架构,实现浏览器端与服务器端分离(B/S方式);

(2)功能结构按照应用系统、应用支撑平台、数据库系统三层架构来划分;

(3)采用 Java EE5 开放式体系架构在实现技术上运用 Web Service 应用技术、XML 数据交换技术,业务系统为 B/S 模式;

(4)体系结构具有很高的可扩展性、灵活性和可管理性;

(5)平台无关性;

(6)高可靠,高性能;

(7)代码复用性,维护成本低。

4.3.4.2　设计模式技术选型

设计模式满足以下技术要求:

(1)在系统软件结构方面采用 MVC 架构模式;

(2)实现代码上的分离;

(3)为开发人员提供任务上的分工;

(4)实现代码的重用,分层开发后更有利于组件的重用。

MVC 开发模式:各类业务数据的访问是通过数据交换与共享服务平台中数据服务来访问分布式的数据库,系统中涉及的业务应用处理模块要按照 Java EE5 标准规范进行 EJB3.0 的开发,并部署在应用服务平台上。

在系统软件结构方面采用 MVC 架构模式。MVC 架构清晰地分离了 Business Logic、Data 和 Presentation Logic。这种结构降低了软件各个部分之间的耦合度,提高了模块的聚合度,有利于各种组件的重用。

M(Model),表达了应用使用的数据,它在实现时选择 EJB,这些 EJB 部署在应用服务平台的应用服务器上。

V(View),是应用的可视化部分,展示了 Model 中的数据。在 View 中包括的组件有:JSP Pages/Servlet、Java Bean Components (View Data)、Customer Tags、Included JSP。View 中 JSP Page 使用的数据主要通过 View Data(一种 Java Bean 组件),它是 Model 数据的镜像。具体开发时结合报表工具实现并部署在 Web 服务器上。

C(Controller),为了保证应用在 MVC 架构下平稳的运行,一个集中的控制点将是非常需要的。这将通过 Front Component 和一些 Helper Classes 实现。这个 Controller(Web Controller 和 EJB Controller)将维护 Model 中的数据,并且确保 View 中的 View Data Object(这些 Java Bean 组件不会更新 Model 中的数据,它只是从 Model 读数据)同 Model 中数据的同步。具体开发的业务处理 EJB 也要部署在应用服务平台的应用服务器上。

系统使用 Windows 2003 Server 以上版本,作为网络操作系统平台,应用服务器采用 Weblogic Server 10。它具有功能强大、分布处理能力强、管理维护方便;支持应用扩展与插件技术;提供了 com/com + 接口,开发人员可以通过 com/com + 接口增强与定制 Web 服务器功能,具有很好的灵活性;与 Windows 2000 Server 操作系统结合,可以节省很多系统资源,进而使应用系统高效运行;提供了高效的多线程服务机制与安全管理机制,使系统更加安全稳定。

在程序开发工具选择方面,使用 Myeclipse、Flex 等开发工具。这些工具都有可视化的开发界面与应用程序生成向导,并且提供了丰富的模板与控件,可以快速地开发出应用程序,这样可以提高开发效率、缩短开发周期、降低开发成本,同时还可提高工程质量。

4.3.4.3 信息交换的标准实现

信息交换的标准实现采用 XML 用于不同应用系统之间信息交换的标准。

4.3.4.4 开发工具的采用

本系统主要采用以下开发工具:

(1)在程序开发工具选择方面,使用 Myeclipse、Flex 等开发工具。

(2)应用服务器采用 Weblogic Server 10 或以上版本。

4.3.4.5 数据交换与共享服务平台实现

数据交换与共享服务平台建设要符合 Java EE5 规范。

数据交换与共享服务平台是黄河下游防洪非工程措施的重要基础,承担着汇聚与管理共享资源服务,支撑应用,保障系统规范、开放,进而保障系统的长期可持续运行。数据交换与共享服务平台中的各类共享资源服务,是依据业务应用系统中各类业务处理功能的需求进行开发与部署,并从中抽取出复用的共享资源部分形成共享资源服务,避免重复开发,有效保障系统的完整性、规范性与开放性,减少技术风险。平台所采取的技术实现方式,对于整个平台,乃至整个黄河下游防洪非工程措施的功能实现、稳定性、可扩展性等各个方面都起到至关重要的作用。

针对系统建设的需求,并考虑未来发展的要求,数据交换与共享服务平台选择的技术路线是采用 SOA 设计思想、服务总线 + 组件的技术方法,基于数据驱动的总线集成模式,通过适配器组件集成技术,使得各应用系统与多源、异构数据库之间能够以互操作的方式交换业务信息,解决信息服务多元化。

在实现技术上,采用 Java EE5 开放式体系架构,运用 Web Services 应用技术、XML 数据交换技术,业务系统为 B/S 模式。

4.3.4.6 数据共享服务系统实现

1)基于数据中心的元数据存储管理体系

数据共享服务系统的根本目的是为用户提供方便的一站式数据检索和获取服务,让用户在方便、快捷的操作中快速发现和得到所需数据。

通过黄河数据中心的元数据库建设,用来组织和管理海量的数据资源,包括黄河数据中心和各数据分中心的基础数据库和专业数据库,并通过开放的网络条件,利用元数据技术为用户提供方便、快捷和灵活的数据发现,数据定位和数据获取服务。

黄河数据中心的元数据的技术体系包括五个功能模块,即元数据汇交模块、元数据存储模块、元数据查询模块、元数据安全模块和元数据访问模块。这五个模块以黄河数据中心为核心,按照数据资源采集、输入、存储、检索、管理、控制、服务和输出的信息流程组织,建立黄河数据中心的元数据技术体系。

2)基于 Web Services 开发框架

数据共享服务系统开发的实现技术主要是在发挥系统软件平台自身特点和优势的同时,利用 Web Services 通过 Internet 为共享应用提供一个开放的、标准的信息获取,管理,存储,共享,分析和系统交互操作的环境。

数据中心与分中心的共享业务在功能上通过一系列规范化的服务功能(Web Services)实现,形成一个统一的服务网。这一系列的功能服务涵盖数据共享的全部过程,包括数据汇交、浏览、查询、下载及用户的信息管理和安全控制等。系统基于 Web Services 技术开发路线。

4.3.5 元数据库

在元数据库建设中,遥感影像数据属于地学元空间数据范围,对地学元数据研究的很多成果可以借鉴并在遥感影像这一层次再进行细化,地学元数据研究成果,如《地理信息——元数据》(ISO 15046—15,CD 2.0)、《地理空间数据元数据内容标准》(FGDC(CSDGM) V.2.0)。而水文、水质、实时水雨情等数据属于水利科学数据范围,对水利科学元数据研究的很多成果可以借鉴并在黄河水文数据这一层次再进行细化。如水利科学数据元数据的研究成果《水利技术标准编写规定》(SL 1—2002)、《水利信息核心元数据标准(征求意见稿)》。

元数据库建设包括遥感影像、水文数据、黄河下游断面数据、黄河下游社会经济数据、防洪工程基础数据、水质数据、实时工情险情数据、气象信息和实时水雨情数据等九大类数据的建设。

建设元数据库是建立数据交换与共享服务平台的一大任务,其旨在为管理、共享和访问黄河数据中心及各个分数据中心中的各类数据创造必要的条件,在支持有效的数据资源的发现和检索、共享和集成等方面具有重要的意义。

4.3.5.1 元数据结构

元数据为数据目录和数据共享与交换提供信息。元数据主要包括目录信息和元数据,目录信息主要用于对数据集信息进行宏观的描述,用于对目录的管理和查询。元数据主要包括标识信息、内容信息、组织信息、表示信息、质量信息、参照系统信息、发行信息等内容,其中对于每一个具体的内容信息又都有其对应的实体或聚合实体。

(1)数据标识信息。关于数据集的基本信息,通过标识信息数据集,生产者可以对有关数据集的基本信息进行详细的描述,诸如描述数据集的名称、作者信息、所采用的语言等。

(2)数据内容信息。其主要包括数据集内容的信息,如实体类型、属性及属性赋值的范围。通过这部分内容,数据集生产者可以详细地描述数据集中每个实体的名称、标识码及含义等内容,也可以使用户知道各数据集属性码的名称、来源等。

（3）数据组织信息。是指建立该数据集时所涉及的有关事件、参数、数据源等信息及负责这些数据集的组织机构信息。通过这部分信息可以对建立数据集的中间过程有一个详细的描述。

（4）数据表示信息。是数据集中表示空间和属性信息的方式，如空间数据表示由空间表示类型、矢量空间表示信息等内容组成。它是决定数据转换及数据能否在用户计算机平台上运行的必要信息。

（5）数据质量信息。对数据质量进行总体评价的信息。通过这部分内容，用户可以获得有关数据集的几何精度和属性精度等方面的信息，也可以知道数据集在逻辑上是否一致及它的完备性，这是用户对数据集进行判断及决定数据集是否满足他们要求的主要判断依据。

（6）参照系统信息。是指数据集中坐标和时间的参考坐标系和编码方法的描述，如地图投影或格网坐标系统、水平和垂直基准及坐标系分辨率的名称和参数，它是反映现实世界与地理数字世界之间关系的通道。

（7）数据发行信息。其包含有关获取该信息所需的数据提供者及数据进行访问的信息，包括发行部门、数据资源描述、发行部门责任、交换程序等内容。

1）目录信息

目录信息是用于编制目录的唯一目录标识信息。目录信息是联系信息、内容信息、说明信息、浏览图信息、限制信息、时间和地理范围信息等的聚合，数据集限制与权限限制和级别限制是泛化关系。其中，联系信息、浏览信息是必选信息。法规限制包含使用限制和访问限制代码，二者必选其一，表示用户使用数据存在的限制。地理范围在描述空间数据集时，地理范围、地理描述二者必居其一，需要时两个可都使用。如果数据集是非空间信息，则两者均不需要。其他都为可选信息。

2）元数据标识信息

标识信息是唯一标识数据集的信息，标识信息是限制信息、格式信息、浏览图信息和维护信息等信息的聚合。其中，限制信息、格式信息是必选信息，浏览图信息和维护信息是可选信息。限制信息包含使用限制和访问限制代码，二者必选其一，表示用户使用数据上的限制。

3）数据质量信息

数据质量信息是用来表示数据集的质量总体评价，该实体包括两个部分的内容，即概述和数据志。概述是对数据集质量的定性和定量信息的概括描述。数据志是从数据源到数据集当前状态的演变过程说明。包括数据源的信息和数据源到数据集当前状态所经过的处理步骤、方法、重要处理事件（如转换、维护）等信息及数据集的更新频率。

4）空间参照系统信息

空间参照系统信息是数据集使用的空间参照系统的说明。参照系统是两个可选的基于坐标的空间参照系统和基于地理标识的空间参照系统的泛化超类。在描述空间数据集时，二者必选其一，也可全选。

由于基于坐标的空间参照系统除大地坐标参照系统之外，还可能有垂向参照系统，因此该实体又是大地坐标参照系统和垂向坐标参照系统的泛化超类。

5）内容信息

内容信息描述数据集的内容。内容信息首先根据数据类型的不同，而对应于不同实体的内容信息的聚合。包括如下几个条件选择的元素：数据获取手段、数据描述对象、共享资源服务内容、图层名称、要素（实体）类型名称与相应的属性列表、栅格/影像内容描述。对于属性数据（非空间数据），必选的元素为数据获取手段、要素（实体）类型名称、相应的属性列表；对于空间数据，必选的要素为数据获取手段、图层名称、要素(实体)类型名称与相应的属性列表、栅格/影像内容描述等。

6)发行信息

发行信息描述有关数据集的分发者和获取数据的方法。发行信息包括一个必选的发行者实体和可选的传输选项实体。前者包括一个必选的分发者联系信息,后者包括传输的在线连接方式或离线传递方式,二者可选其中一种发行方式。

7)表示信息

表示信息是数据集中表示空间和属性信息的方式,如空间数据表示由空间表示类型、矢量空间表示信息等内容组成。它是决定数据转换及数据能否在用户计算机平台上运行的必要信息。由于空间数据包括影像数据和矢量数据两类,因此该实体是影像数据和矢量数据的泛化超类;属性数据指的是非空间数据的表现形式,主要内容信息有数据类别、格式、采集条件等。

8)组织信息

组织信息是建立该数据集时所涉及的有关事件、参数、数据源等信息及负责这些数据集的组织机构信息。通过这部分信息可以对建立数据集的中间过程有一个详细的描述。

4.3.5.2 元数据的存储

元数据的存储采用以数据库为基础的集中存储模式,即所有数据对应一个元数据库,不同数据的元数据在元数据库中体现为不同的表,元数据的不同要素体现为记录。

4.3.5.3 元数据库建设

元数据库(不包括基础地理数据元数据库)采用集中存储与管理的方式,统一存储在黄河数据中心,在各个分中心不建设元数据库,各个分中心的元数据通过数据共享服务系统采用元数据汇交的形式,上传至黄河数据中心元数据库进行统一存储和维护。

1)元数据标准

为规范元数据库的建设,元数据标准的编制应根据国家和水利行业有关技术标准,并结合黄河数据资源建设与管理的特点来制定。

元数据标准应规定黄河数据资源核心元数据的基本内容,包括数据的标识、内容、质量、发行及其他有关特征,并制定这些信息的元数据字典。

通过元数据标准,为建设遥感影像、水文数据、黄河下游断面数据、黄河下游社会经济数据、防洪工程基础数据、水质数据、实时工情险情数据、气象信息和实时水雨情数据等九大类元数据库提供标准依据。

2)元数据库建设步骤

黄河元数据库的建设是一项复杂、烦琐的系统工程。其建设步骤包括确定元数据的描述对象、元数据表结构设计、搜集和整理元数据、元数据入库。

(1)确定元数据的描述对象。

要建立黄河元数据库,应首先确定其元数据的描述对象,以便为搜集和整理元数据提供被描述的主体。鉴于被建立的黄河元数据库是面向黄河流域的专业应用,并且是为该流域内各单位或部门实现信息共享所服务的,并且为"数字黄河"工程的各应用系统提供统一接口的数据访问服务,因此应将元数据的描述对象确定为黄河流域内的基础和专业数据。这两类数据包括空间数据和属性数据,涵盖了测绘、地质、水文、气象、防汛、水调、水保、工程管理、电子政务、遥感监测及其他与治理黄河业务相关的基础数据和专业数据等数据资源,根据此,元数据库的建设内容包括遥感影像元数据库、黄河水文元数据、黄河下游河道断面元数据库、黄河下游社会经济元数据库、防洪工程基础元数据库、水质元数据库、实时工情险情元数据库、气象信息元数据库和实时水雨情元数据库,可以初步确定元数据的描述对象包括遥感影像数据、黄河水文数据、黄河下游河道断面数据、黄河下游社会经济数据、防洪工程基础数据、水质数据、实时工情险情数据、气象信息数据和实时水雨情数据等九大类。

（2）元数据表结构设计。

依据上述所叙述的元数据标准及内容，同时根据所属专业数据或基础数据的不同进行扩展，以制订适合本专业数据的元数据表。元数据表结构包括遥感影像、水文数据、黄河下游断面数据、黄河下游社会经济数据、防洪工程基础数据、水质数据、实时工情险情数据、气象信息和实时水雨情数据等九大类。

（3）搜集和整理元数据。

当黄河元数据的描述对象和元数据表结构被确定之后，即可开展其元数据的搜集和整理。主要是根据元数据的描述对象，按照元数据表结构的内容定义，展开对相关数据的元数据搜集和整理。

（4）元数据入库。

元数据入库就是把通过搜集和整理的元数据内容信息通过元数据汇交的形式上传至黄河数据中心的元数据库，进行统一的存储和管理。

3）元数据库建设内容

（1）遥感影像元数据。

遥感影像元数据表结构的确定，首先依据前面所描述的元数据的标识信息、数据质量信息、空间参照系统信息、内容信息、发行信息、表示信息和组织信息等内容，根据实际需要和制订的黄河元数据标准，参照元数据库表结构设计的元模型进行扩展，最后确定遥感影像元数据的具体表结构内容信息。

为了便于对各个遥感影像数据中的所有影像数据进行统一管理、查询等操作，对每一个具体遥感影像数据分别建立一个与之相对应的元数据记录,遥感影像元数据库包括原始影像库元数据、MODIS 遥感影像元数据、TM 遥感影像元数据、ETM 遥感影像元数据、SPOT1/2/3/4 遥感影像元数据、SPOT5 遥感影像元数据、中巴资源卫星遥感影像元数据、RADARSAT 卫星遥感影像元数据、ENVISAT卫星遥感影像元数据、IKNOS 卫星遥感影像元数据、QuickBird 卫星遥感影像元数据、航空遥感影像元数据、机载雷达影像元数据、地面遥感影像元数据、正射影像元数据、DEM 影像元数据、水面边线解译结果元数据、主溜线解译结果元数据、水深分布解译结果元数据、洪水漫滩灾情评估结果元数据、工程靠溜分析结果元数据、河势演变分析结果元数据等元数据内容。

(2)黄河水文元数据。

黄河水文元数据表结构的确定,首先依据前面所描述的元数据的标识信息、数据质量信息、空间参照系统信息、内容信息、发行信息、表示信息和组织信息等内容,根据实际需要和制订的黄河元数据标准,参照元数据库表结构设计的元模型进行扩展,最后确定黄河水文元数据的具体表结构内容信息。

为了便于对黄河水文数据库中的所有黄河水文数据进行统一管理、查询等操作,对每一个具体的黄河水文数据库中的库类分别建立一个与之相对应的元数据记录,黄河水文元数据库包括测站信息类元数据、日值信息类元数据、摘录信息类元数据、月年统计信息类元数据、实测成果信息类元数据、时段统计信息类元数据等元数据内容。

(3)黄河下游河道断面元数据。

黄河下游河道断面元数据表结构的确定,首先依据前面所描述的元数据的标识信息、数据质量信息、空间参照系统信息、内容信息、发行信息、表示信息和组织信息等内容,根据实际需要和制定的黄河元数据标准,参照元数据库表结构设计的元模型进行扩展,最后确定黄河下游河道断面元数据的具体表结构内容信息。

为了便于对黄河下游河道断面数据中的所有黄河下游河道断面数据进行统一管理、查询等操作,对每一个具体的黄河下游河道断面数据库中的库类分别建立一个与之相对应的元数据记录,黄河下游河道断面元数据包括河道断面原始数据元数据、水库断面原始数据元数据、断面引测和测验数据元数据、河道断面成果数据元数据及水库断面成果数据元数据等元数据内容。

(4)黄河下游社会经济元数据。

黄河下游社会经济数据元数据表结构的确定,首先依据前面所描述的元数据的标识信息、数据质量信息、空间参照系统信息、内容信息、发行信息、表示信息和组织信息等内容,根据实际需要和制订的黄河元数据标准,参照元数据库表结构设计的元模型进行扩展,最后确定黄河下游社会经济元数据的具体表结构内容信息。

为了便于对黄河下游社会经济数据库中的所有黄河下游社会经济数据进行统一管理、查询等操作,对每一个具体的黄河下游社会经济数据库中的库类分别建立一个与之相对应的元数据记录,黄河下游社会经济元数据包括黄河下游工业基础数据元数据、黄河下游农牧业基础数据元数据、黄河下游交通运输业基础数据元数据、黄河下游供电通信设施基础数据元数据、黄河下游土地利用基础数据元数据、黄河下游入口数据元数据、黄河下游房屋基础数据元数据、黄河下游村庄基础数据元数据、黄河下游水利设施基础数据元数据等元数据内容。

(5)防洪工程基础数据元数据。

防洪工程基础数据元数据表结构的确定,首先依据前面所描述的元数据的标识信息、数据质量信息、空间参照系统信息、内容信息、发行信息、表示信息和组织信息等内容,根据实际需要和制订的黄河元数据标准,参照元数据库表结构设计的元模型进行扩展,最后确定防洪工程基础数据元数据的具体表结构内容信息。

为了便于对防洪工程基础数据库中的所有防洪工程基础数据进行统一管理、查询等操作,对每一个具体的防洪工程基础数据库中的库类分别建立一个与之相对应的元数据记录,防洪工程基础数据元数据包括堤防工程数据元数据、治河工程数据元数据、涵闸工程数据元数据、机电排灌站数据元数据、滞洪区工程数据元数据、水库工程数据元数据、跨河工程、穿堤建筑工程数据元数据、险点险段工程数据元数据、生物工程和防汛道路工程数据元数据等元数据内容。

(6)水质数据元数据。

水质数据元数据表结构的确定,首先依据前面所描述的元数据的标识信息、数据质量信息、空间参照系统信息、内容信息、发行信息、表示信息和组织信息等内容,根据实际需要和制订的黄河元数据标准,参照元数据库表结构设计的元模型进行扩展,最后确定水质数据元数据的具体表结构内容信息。

为了便于对水质数据库中的所有水质数据进行统一管理、查询等操作,对每一个具体的水质数据库中的库类分别建立一个与之相对应的元数据记录,水质数据元数据包括水质原始监测数据元数据、水质成果数据元数据、水质文档资料数据元数据、水质基本资料数据元数据、水质多媒体数据元数据、水质标准方法资料数据元数据、水质地理信息数据元数据等元数据内容。

(7)实时工情险情元数据。

实时工情险情数据元数据表结构的确定,首先依据前面所描述的元数据的标识信息、数据质量信息、空间参照系统信息、内容信息、发行信息、表示信息和组织信息等内容,根据实际需要和制订的黄河元数据标准,参照元数据库表结构设计的元模型进行扩展,最后确定实时工情险情数据元数据的具体表结构内容信息。

为了便于对实时工情险情数据库中的所有实时工情险情数据进行统一管理、查询等操作,对每一个具体的实时工情险情数据库中的库类分别建立一个与之相对应的元数据记录,实时工情险情数据元数据包括实时工情险情数据水库类元数据、实时工情险情数据分滞洪区类元数据、实时工情险情数据滩区类元数据、实时工情险情数据仓库类元数据、实时工情险情数据防汛组织机构类元数据、实时工情险情数据防汛物资类元数据、实时工情险情数据防汛队伍类元数据等元数据内容。

(8)气象信息元数据。

气象信息数据元数据表结构的确定,首先依据前面所描述的元数据的标识信息、数据质量信息、空间参照系统信息、内容信息、发行信息、表示信息和组织信息等内容,根据实际需要和制订的黄河元数据标准,参照元数据库表结构设计的元模型进行扩展,最后确定气象信息数据元数据的具体表结构内容信息。

为了便于对气象信息数据库中的所有气象信息数据进行统一管理、查询等操作,对每一个具体的气象信息数据库中的库类分别建立一个与之相对应的元数据记录,气象信息数据元数据包括气象信息数据基本信息类元数据、气象信息数据实时信息类元数据、气象信息数据致洪暴雨信息类元数据、气象信息数据热带气旋信息类元数据、气象信息数据实时雷达类元数据、气象信息数据卫星云图信息类元数据、气象信息数据实时气象类元数据、气象信息数据预报产品类数据元数据、气象信息数据历史静态数据类元数据等元数据内容。

(9)实时水雨情元数据。

实时水雨情数据元数据表结构的确定,首先依据前面所描述的元数据的标识信息、数据质量信息、空间参照系统信息、内容信息、发行信息、表示信息和组织信息等内容,根据实际需要和制订的黄河元数据标准,参照元数据库表结构设计的元模型进行扩展,最后确定实时水雨情数据元数据的具体表结构内容信息。

为了便于对实时水雨情数据库中的所有实时水雨情数据进行

统一管理、查询等操作,对每一个具体的实时水雨情数据库中的库类分别建立一个与之相对应的元数据记录,实时水雨情数据元数据包括实时水雨情数据基本信息类元数据、实时水雨情数据实时信息类元数据、实时水雨情数据预报信息类元数据等元数据内容。

4.3.6 用户信息数据库

用户信息数据库主要用来管理注册用户和相关管理员的相关信息。其内容主要包括以下几个方面:

(1)用户信息表,记录用户信息。

用户信息表记录用户的信息,如用户名、密码、用户类型、电话、Email、工作单位等信息。

(2)组信息表,记录系统设计的组信息。

组信息表用来记录系统中组的信息,如组名、组的描述信息、组的创建时间等信息。

(3)服务器信息表,记录服务器的信息。

服务器信息表用来记录服务器的信息,如主机 IP、操作系统信息、允许登录 IP、服务器的数据资源创建时间、服务器的当前状态等信息。

(4)权限信息表,记录用户在服务器上可能具有的权限。

权限信息表用来记录用户在服务器上可能具有的权限,如权限信息表主键、权限信息表的 ID、权限名列表等信息。

(5)组和服务器绑定信息表,记录每个组所包含的服务器。

组和服务器绑定信息表用来记录每个组所包含的服务器,如组的 ID、服务器的 ID、将服务器添加进组的时间等信息。

(6)服务器上用户信息表,记录用户和服务器之间的对应关系信息。

服务器上用户信息表用来记录用户和服务器之间的对应关系,如用户 ID、Server ID、组 ID、User ID、用户状态、用户在服务器上所从属的组、用户在服务器上所拥有的权限、将用户和服务器绑定的时间等信息。

(7)在线用户会话表,记录没有退出会话的在线用户信息。

在线用户会话表用来记录没有退出会话的在线用户信息,如在线用户会话 ID、用户 ID、源服务器 ID、目的服务器 ID、源主机 IP、目的服务器 IP、用户登录通过时间等信息。

(8)用户在组中所拥有的权限信息表,记录用户在服务器中资源组中所共同拥有的权限。

用户在组中所拥有权限信息表用来记录用户在服务器资源组中所拥有的公共权限,如用户 ID、组 ID、用户在组中公共的权限名等信息。

以上各个表之间不是相互独立的,表与表之间是通过外部主键来建立关联关系的,各个表之间的关系如下:

(1)用户信息表、组信息表、服务器信息表和权限信息表这几个表是安全认证平台各种资源和用户的基本信息表,是其他表的基础。

(2)服务器上用户信息表关联了用户信息表和服务器信息表,通过用户 ID 和服务器 ID 两个字段值一起描述用户和服务器的绑定信息。

(3)组和服务器绑定信息表关联了组信息表和服务器信息表,通过组 ID 和服务器 ID 两个字段值一起描述组和服务器的包含关系。

(4)用户在组中所拥有的权限信息表关联了用户表、组信息表和权限信息表,通过用户 ID、组 ID 和用户在组中的公共权限三个字段一起描述用户在某个资源组中所共有的权限。

(5)在线用户会话表关联了用户表和服务器信息表,通过用户 ID 和服务器 ID 一起描述处于已登录状态的用户和主机信息。

4.3.7 系统集成

4.3.7.1 数据共享服务系统

数据共享服务系统是用户用来进行数据汇交、查询、下载、资源共享服务等操作的入口,它是以黄委局域网为依托的一个分布式的黄河数据信息资源网络共享服务系统。该系统以元数据技术为纽带,在元数据标准的扩展体系内整合离散的数据资源,为用户提供数据共享服务。按照信息共享原则,基于 Web Services 与元数据互操作技术进行设计与开发。在基础数据库、专业数据库、元数据库的支持下,实现对数据的互操作和信息共享,从而为用户提供安全、开放、规范化的数据共享与服务。

1) 系统部署

数据共享服务系统采用元数据集中存储、数据资源数据库物理上分布的建库和运行模式。共享服务系统布署在黄河数据中心,即以黄河数据中心作为服务系统统一入口的主节点,通过元数据技术关联河南局数据分中心、水文局数据分中心和水资源保护局数据分中心等数据分中心的数据资源,最终形成以覆盖全委,以服务黄河为主的分布式网络体系。

在系统的统一安全管理下,用户可以通过网络进行数据的查询、下载和共享资源服务的发布及查询等操作。同时,各个数据分中心也可以通过服务系统把元数据或数据集上传到黄河数据中心。

2) 系统集成

本系统的开发从总体设计阶段开始就非常重视系统集成,把系统集成的好坏当做整个系统的关键来对待。系统集成方案采取数据集成、功能集成和界面集成三个层次。数据集成包括整个系统数据准确无误地相互交换和传递。采用以数据库为核心的体系结构,系统各功能间能够通过数据库完成数据的共享与交换,检验数据流动的通畅。功能集成包括各模块、系统各功能间的相互协调以满足总体功能的实现。是在系统各功能测试的基础上完成系统的各功能模块接口集成和格式、风格、速度等的协调集成。界面集成主要考虑在统一的风格、布局等方面进行综合设计。

4.3.7.2 数据交换服务平台

本系统集成方案采取数据集成、功能集成、界面集成三个层次。数据集成包括整个平台间的多个数据源能够准确无误地相互交换和传递。采用以数据交换与共享服务基础软件平台提供的数据映射与转换等技术为核心的体系结构,制订统一的数据标准、数据交换格式,检验数据流动的通畅。功能集成包括系统各模块间能够相互协调以满足系统总体功能的实现。界面集成主要考虑在统一的风格、布局等方面进行综合设计。

4.3.7.3 系统整体集成

系统整体集成是上述系统之间及与元数据库、用户信息库等数据库之间的集成。

系统整体集成过程中应考虑检测的指标主要有:

(1)数据调用过程。数据调用是否流畅,数据格式是否满足要求。

(2)集成后的系统效率。包括内存占用率、运行速度等,要求集成后系统运行速度与单独运行时无明显差别,无明显延迟等待现象。

(3)系统运行结果。集成后各系统功能不受其他系统的影响,各项功能满足设计要求。此外,还应保证软件能满足其他预定的要求(如可移植性、兼容性和可维护性等)。

(4)容错性。其他系统如果生成了错误数据,这些错误数据不会引起系统的崩溃与死机。

系统整体集成各系统之间的接口主要以数据库为核心,通过数据库进行联系。本系统整体集成采用渐增式测试方法,以数据库管理系统为基础模块,将其他系统与数据库管理系统结合起来进行集成,集成完以后再把下一个系统结合进来集成,同时也要检查前面已完成集成的系统有无异常现象。使用渐增式集成方法可以及早发现模块间的接口错误,并且发生的错误往往和最近加进来的那个系统有关,这样便于诊断和查错。

以数据库管理系统为核心,采用自顶向下的方法,将各系统增加进来,各系统进行增量测试的顺序依次为:数据共享服务系统、数据交换服务平台和运行维护管理系统。

系统整体集成步骤:

(1)对数据库管理子系统进行检测,检测时在网络环境下进行。

(2)根据选定的结合策略(本系统为逐个模块增加),每次用一个实际系统与数据库系统链接,检测从数据库系统中读取数据并运行的结果是否正确。

(3)如果有问题,主要检查当前系统与数据库系统的接口是否正确,同时检查其他已添入的系统与该系统的数据链接。

(4)为了保证加入系统没有引进新的错误,可能需要进行回归检测(即全部或部分地重复以前做过的工作)。

从第(2)步开始不断地重复进行上述过程,直至完成。